El Internet del Dinero Volumen Dos

Andreas M. Antonopoulos

El Internet del Dinero

Volumen Dos

Una Colección de Charlas De Andreas M. Antonopoulos

https://TheInternetOfMoney.org/

Dedicado a la comunidad de bitcoin

Descargo de Responsabilidades:

Este libro es comentario editado y opinión. Gran parte del contenido se basa en la experiencia personal y en pruebas anecdóticas. Su objetivo es promover la consideración reflexiva de las ideas, estimular el debate filosófico e inspirar más investigaciones independientes. No es consejo de inversión; no lo use para tomar decisiones relacionadas con la inversión. No es un consejo legal; consulte a su abogado en su jurisdicción si tienes preguntas legales. Puede contener errores y omisiones, a pesar de nuestros mejores esfuerzos. Andreas M. Antonopoulos, Merkle Bloom LLC, editores, redactores, transcriptores, traductores y diseñadores no asumen ninguna responsabilidad por errores u omisiones. Las cosas cambian rápidamente en Bitcoin y la industria de blockchains; use este libro como una referencia, no como su única referencia.

Las referencias con marca registrada o derecho de autor son solo para críticas y comentarios. Cualquier terminó con marca registrada es propiedad de sus respectivos dueños. Las referencias a individuos, compañías, productos y servicios se incluyen sólo con fines ilustrativos y no deben considerarse endosos.

Licencia:

Charlas por Andreas M. Antonopoulos
https://antonopoulos.com/
@aantonop

Traducción al Español
Aníbal Santaella Sánchez
@a_santaellas

Traducción al Español y Edición de Copia
Elda Ellis
www.translatingworlds.com
Twitter: @EldaEllis

Diseño de Portada
Kathrine Smith: http://kathrinevsmith.com/

Transcripción y Edición
Jessica Levesque, Pamela Morgan, Janine Römer

Edición de Copia
Brooke Mallers, Ph.D.: @bitcoinmom

Primera Impresión: **1 de septiembre de 2020**

Envíos de Errata: errata@merklebloom.com
Solicitudes de licencias: licensing@merklebloom.com
General: info@merklebloom.com

ISBN: 978-1-947910-01-0

Tabla De Contenido

Me siento honrado y eternamente agradecido por la generosidad de la comunidad que apoya este trabajo con donaciones, https://aantonop.com; por personas que comparten mi visión de procurar que estos mensajes se difundan por todo el mundo, a comunidades y a personas que necesitan de esta información, no como una inversión, sino como un salvavidas.

Las donaciones mensuales constantes, a través de https://patreon.com/aantonop, me han permitido crear más contenido gratuito para la comunidad y apoyar a un equipo cada vez mayor de personas y sus familias. Específicamente me gustaría agradecer:

- Yes2Crypto
- Lucia aka DancingCrypto
- iBekHS
- @kosmatos

Gracias a todos aquellos quienes han sido patrocinantes en el pasado, a los que son patrocinantes en este momento y a los que se convertirán en patrocinantes en el futuro. Juntos estamos haciendo grandes cosas.

Puede conocer más acerca de los beneficios de convertirse en un forjador de comunidades, incluyendo el acceso entre bastidores y el acceso en primicia a los videos, y otras formas de donar a este trabajo visitando https://patreon.com/aantonop o https://aantonop.com.

Alabanza para El Internet del Dinero

Andreas M. Antonopoulos lo vuelve hacer. El segundo volumen de «El Internet del Dinero» es quizás la mejor referencia para obtener una visión general rápida de los últimos desarrollos en Bitcoin, Ethereum, ICOs, y el espacio de las blockchains en general.

— Balaji Srinavasan, CEO and Cofundador de 21.co, Socio de la Junta de Andreessen Horowitz.

Con el entusiasmo sobre Bitcoin, criptomonedas y la tecnología de blockchain creciendo cada vez más fuerte, el mundo necesita el consejo de Andreas M. Antonopoulos más que nunca. Con un mensaje claro que es medido y cauteloso pero lleno de esperanza y posibilidad, Antonopoulos está construyendo por sí mismo las filas de aquellos que entienden este fenómeno vital. Si quieres unirte a ellos, lee este libro.

— Michael Casey, Asesor Principal del Laboratorio Iniciativa de la Moneda Digital en MIT Media, coautor de *The Truth Machine: The Blockchain and The Future of Everything*

Como alguien que dirige una organización sin fines de lucro dedicada a la educación sobre blockchain, a menudo me preguntan «¿por dónde debo comenzar?». Mi respuesta es siempre la misma: la serie El Internet del Dinero de Andreas M. Antonopoulos. Ya sea un principiante o un experto, estos libros transmiten las implicaciones de la tecnología de blockchain en un manera clara y accesible; sus analogías son humorísticas, reveladoras y cambiantes de perspectivas. A menudo me encuentro enviando mensajes de texto de citas de los libros a mis amigos, seguido del comentario «¡SÍÍÍ!». ¡Lea estos libros para informar su propia comprensión por lo que hay que estar tan emocionado!

— Jinglan Wang, Director Ejecutivo de la Red Educativa Blockchain

Prefacio

Por Andreas M. Antonopoulos

Cuando comencé mi viaje en Bitcoin, nunca pensé que me traería a esto. Este libro es como un diario resumido de mi descubrimiento de Bitcoin, contado a través de una serie de charlas.

En los últimos cinco años, he dado más de 170 charlas a audiencias en todo el mundo, grabado más de 200 episodios de podcast, respondido varios cientos de preguntas, participado en más de 150 entrevistas para la radio, prensa y televisión, aparecido en ocho documentales y escrito un libro técnico llamado *Mastering Bitcoin* y actualmente estoy escribiendo otro libro técnico llamado *Mastering Ethereum*. Casi todo este material está disponible, de forma gratuita, bajo licencias de código-abierto, en línea. Las charlas incluidas en este libro son solo una pequeña muestra de mi trabajo, seleccionadas por el equipo editorial para dar una idea de Bitcoin, su uso y su impacto en el futuro.

Cada una de estas charlas fue dada a una audiencia en vivo, sin diapositivas o algún otro apoyo visual, y la mayoría fueron improvisadas. Si bien tengo un tema ya pensado antes de cada charla, mucha de mi inspiración proviene de la energía y la interacción con cada audiencia. De charla a charla, los temas evolucionan a medida que pruebo nuevas ideas, veo la reacción y las desarrollo más. Posteriormente, algunas ideas comienzan con una simple frase que evoluciona a lo largo de varias charlas, en un tema completo.

Este proceso de descubrimiento no es perfecto, por supuesto. Mis charlas están llenas de pequeños errores de hechos. Doy fechas, eventos, números, y detalles técnicos de memoria y a menudo me equivoco. En este libro, mis editores han depurado los errores improvisados, mis metátesis y mis tics verbales. Lo que queda es la esencia de cada presentación —como desearía que se hubiera entregado, en lugar de la transcripción de la entrega original. Pero, con esa depuración también hay un precio a pagar. Lo que falta es la reacción y energía de la audiencia, el tono de mis oraciones, mis risitas espontáneas y de la audiencia. Para todo eso, debe ver los videos que están vinculados en el Apéndice C, *Enlaces de videos* del libro.

Este libro y mi trabajo de los últimos cinco años son más que Bitcoin. Estas charlas reflejan mi visión del mundo, mi política, mis ideas y mis esperanzas, así como mi fascinación técnica y mi descarado obsesivo interés por la tecnología (geekiness). Resumen mi entusiasmo por esta tecnología y el asombroso futuro que imagino. Esta visión comienza con Bitcoin, un peculiar experimento cypherpunk que desata una ola de innovación, creando «El Internet del Dinero» y transformando radicalmente la sociedad.

Nota de los Editores

Casi toda la comunidad de Bitcoin conoce la contribución de Andreas a Bitcoin. Además de su trabajo escrito y en audio, es un orador público muy solicitado, alabado por brindar consistentemente charlas innovadoras, estimulantes y provocativas. Este libro representa solamente una pequeña muestra del trabajo de Andreas en la industria de Bitcoin y las blockcahins en los últimos cinco años. Con tanto contenido, simplemente decidir qué conversaciones incluir era una tarea ardua. Seleccionamos estas charlas específicas porque se ajustan a los criterios del libro; fácilmente podríamos haber incluido docenas más. Este libro es el Volumen Dos de la serie de El Internet del dinero, esperamos publicar otro volumen pronto.

Comenzamos este proyecto de libro con una visión: de proporcionar una perspectiva general de fácil de lectura, al estilo de cuento corto, de por qué Bitcoin es importante, de por qué muchos de nosotros estamos entusiasmados con él. Queríamos algo que pudiéramos compartir con familiares, amigos y compañeros de trabajo que pudieran leer: un compendio que pudieran tomar durante cinco minutos, sin compromiso o explorar durante unas horas. Tenía que ser atractivo, con analogías del mundo real para que la tecnología fuera comprensible. Tenía que ser inspirador, con una visión de cómo estas cosas podrían impactar positivamente a la humanidad. Tenía que ser honesto, reconociendo las deficiencias de nuestros sistemas actuales y la tecnología misma.

A pesar de nuestro mayor esfuerzo, estamos seguros de que hay cosas que podemos mejorar y cambiar. Hemos editado mucho en algunos lugares, para facilitar la lectura, mientras tratamos de preservar la esencia de la charla. Creemos que hemos logrado un buen equilibrio y estamos satisfechos con el libro en su conjunto. Esperamos que tú también. Si has leído el Volumen Uno, notarás algunos pequeños cambios en el Volumen Dos. Hemos eliminado las grandes secciones citadas; muchas gracias a todos los que proporcionaron sus comentarios. También hemos incluido una sección de preguntas y respuestas, destacando algunas de las preguntas más frecuentes y las respuestas de Andreas a ellas. Si tienes comentarios sobre edición, contenido o sugerencias de cómo podemos mejorar el libro, envíanos un correo electrónico a errata@merklebloom.com.

Consejos para mejorar aún más tu experiencia de lectura:

Cada charla está destinada para leerse por sí sola. No es necesario comenzar desde el principio —aunque si no estás familiarizado con Bitcoin, puedes comenzar con la primera charla, «Introducción a Bitcoin», para obtener una visión general del tema.

Encontrarás un índice robusto al final del libro. Una de las cosas de las que estamos más orgullosos es el índice. Nos hemos esforzado en proporcionar un índice que te permita hacer referencias entre sí e investigar temas.

Introducción a Bitcoin

Singularity University's IPP Conference; Silicon Valley, California; Septiembre 2016

Enlace de video: https://aantonop.io/introduccionbitcoin

Dinero Nerd

¡Buenos días a todos! Por un momento, olvida todo lo que crees que sabes sobre Bitcoin, olvida todo lo que has escuchado sobre blockchains y comencemos por lo básico.

En 2011, supé de Bitcoin por primera vez, y mi reacción fue exactamente la misma que la de casi todos los que se enteran de Bitcoin por primera vez: «¡Ja! Dinero de nerds. Probablemente sea solo para apostar». Seis meses después, escuché de Bitcoin otra vez, y esta vez leí el libro blanco (white paper, su nombre en inglés) que lanzó el sistema. Mi experiencia en informática y sistemas distribuidos me permitió ver detrás de la ilusión de lo que pensaba que era Bitcoin, y me sorprendió.

Mi Sexta Obsesión

En mi vida, he tenido seis ocasiones en las que me he obsesionado por completo con un sistema de tecnología hasta el punto de olvidar comer, olvidar dormir y consumir descaradamente la mayor cantidad de conocimiento posible: mi primera computadora cuando tenía 10 años; mi primera experiencia en lenguaje de programación; mi primer módem; mi primer acceso a la web a través de un navegador web; la primera vez que descargué e instalé el sistema operativo Linux; y ahora Bitcoin.

Durante los primeros cuatro meses después de descubrir Bitcoin, bajé 26 libras con la dieta nada aconsejable de la obsesión. No he salido completamente de esa obsesión, porque sigo encontrando nuevos niveles de entender esto. La razón por la que Bitcoin es tan fascinante es porque no es lo que parece ser a primera vista.

Bitcoin es la Sexta Innovación en Dinero

Bitcoin no es dinero; no es un sistema monetario. No es una empresa, no es un producto, no es un servicio para el cual uno se registra. No es una moneda; la moneda es solo la primera aplicación. Es el concepto de descentralización aplicado a la comunicación humana de valor. Es una plataforma de confianza.

¿Qué *es* el dinero? Como dijo INQ (el ponente anterior a Andreas), es una fantasía, es imaginario. La razón por la que no entendemos eso es porque es tan parte de nuestra civilización.

El dinero es una de las tecnologías más antiguas que tiene la humanidad. Antecede a la escritura. ¿Cómo sabemos eso? Las primeras muestras de escritura que tenemos son cuentas y libros mayores de deudas. Podríamos especular que el dinero tenía una tradición oral hasta que se necesitó inventar una tradición escrita, por lo que para ello se creó la escritura.

En la historia del dinero que ahora abarca decenas de miles de años, ha habido quizás cinco cambios importantes. Desde el trueque a la introducción de la primera abstracción de valor —conchas, plumas, cuentas, nueces, piedras. Luego los metales preciosos, luego los billetes, y luego el dinero de plástico. Y ahora el dinero de la red. Bitcoin introduce una plataforma en la que se puede ejecutar un sistema de moneda como una aplicación, en una red sin ningún punto central de control, un sistema completamente descentralizado como el propio Internet. No es dinero para Internet, sino *El Internet del dinero.*

El Dinero es un Lenguaje

De nuevo, ¿qué es el dinero? El dinero es un lenguaje, una abstracción lingüística. El dinero es un lenguaje que usamos para comunicar valor entre unos y otros. El dinero simplemente nos permite expresar valor, y ese valor puede tener consecuencias económicas, pero también tiene otras consecuencias. Usamos el dinero para expresar y crear vínculos sociales, relaciones y asociaciones —para crear organización.

Bitcoin es el primer sistema de dinero que no está controlado por ninguna entidad, que es completamente descentralizado. Bitcoin introduce al dinero las mismas cosas que el Internet trajo a la comunicación. Si el dinero es voz, si el dinero es un lenguaje, y lo desconectas de todos los demás medios y lo conviertes en voz pura, contenido puro, un tipo de contenido de Internet, una designación de protocolo, dinero a través de IP—entonces el concepto de dinero puede ser separado de las nociones anteriores de naciones como emisores soberanos, de instituciones que ejercen el control.

Pasamos del dinero basado en la institución al dinero basado en la red.

Por supuesto, todos recibirán este movimiento con los brazos abiertos, ¿verdad? De ninguna manera. ¿Qué crees que dijeron la primera vez que alguien recibió un certificado de depósito de oro en lugar de una moneda de oro? Ellos dijeron: «¡Uh, eso no es dinero! Vete». ¿Qué crees que sucedió en 1950 la primera vez que alguien apareció en un motel, presentó su tarjeta de membresía del Diner's Club y dijo: «Pagaré con esta pieza de plástico» Dijeron: «¡Eso no es dinero! Vete».

Dinero Programable, Innovación Exponencial

Ahora estamos al borde de una nueva transformación del dinero. Estamos creando la primera forma de dinero completamente global, completamente sin fronteras, completamente descentralizada y completamente abierta.Debido a que este dinero es programable, puedes crear aplicaciones. Puedes iniciar y ejecutar sus aplicaciones en la red bitcoin sin pedir permiso a nadie. Al igual que puedes lanzar un sitio web sin permiso en Internet. El único requisito para tener una aplicación exitosa en el Internet del dinero son dos participantes interesados —este es tu segmento de mercado.

¿Qué sucede cuando eliminas el requisito de permiso? ¿Cuándo llevas la innovación a los bordes de la red? Una explosión exponencial en innovación.Aplicaciones que no se pudieron construir en los sistemas antiguos, —porque requerían permiso, porque requerían un segmento de mercado significativamente grande, porque requerían la adopción de muchos para estar disponible del todo— ahora, ninguno de esos requisitos existe. Cualquier persona en el mundo puede escribir o descargar una aplicación —o incluso usar un teléfono con mensajería de texto— e inmediatamente adquirir los mismos poderes que las instituciones bancarias tienen hoy.

La Personalidad Ya No Es Necesaria

Cuando digo «cualquiera», eso solo es hablando por encima porque, irónicamente, el dinero programable no solo no reconoce los fronteras, sino que tampoco reconoce a las personas. No importa si eres una persona o un refrigerador o un auto sin conductor. A lo largo de la historia del dinero, la propiedad de la moneda requiere personalidad, ya sea como individuo o como asociación de individuos en una corporación.Bitcoin puede ser propiedad de máquinas, bitcoin puede ser propiedad de agentes de software; las máquinas pueden pagarse entre sí y esos pagos no se refieren solo a la actividad económica. Son la base de los sistemas de seguridad basados en el mercado, la base para crear vínculos de autenticación entre dispositivos, la base de nuevas aplicaciones que nunca antes se habían hecho.

Un Sistema de Dinero Unificado

Bitcoin unifica sistemas de dinero. Hoy tenemos sistemas de dinero para pagos pequeños, sistemas de dinero para pagos grandes. Tenemos sistemas de dinero para pagos entre particulares, para pagos entre empresas y para pagos entre gobiernos.

¿Eso te recuerda algo? Así solía ser la comunicación antes de internet. Teníamos sistemas de comunicación para imágenes, sistemas de comunicación para cartas, sistemas de comunicación para corta distancia y larga distancia. Llegó internet y unificó todo eso. El Internet del Dinero crea una red única que puede manejar todo, desde una microtransacción a una gigatransacción —en segundos, en cualquier parte del mundo, para cualquier participante, sin permisos.

Construyendo Nuevos Lenguajes

Pero si solo te enfocas en la aplicación del dinero, no te das cuenta de lo que se trata, porque puedes tomar el idioma, los componentes básicos de esta plataforma y usarlos para construir otros idiomas que comuniquen valor: tokens, puntos de recompensa, monedas de lealtad a una marca.

Hoy en día, hay más de mil monedas digitales que utilizan el patrón de diseño, la receta, de Bitcoin. La mayoría de ellos son basura, algunos de ellos no lo son. Durante la próxima década, veremos decenas de miles y luego cientos de miles de monedas. Algunos tendrán uso económico, algunos simplemente serán expresiones de lealtad o afiliación. Estas monedas o fichas digitales representarán elementos del mundo físico: el título de una casa, por ejemplo; o la llave de control para un automóvil que puede transferirse de un propietario a otro, y cinco segundos más tarde ese propietario puede subirse al automóvil y marcharse, porque el automóvil puede validar la nueva propiedad. Todavía no podemos imaginar qué otras aplicaciones vamos a construir en torno a esta plataforma de confianza.

Relaciones Sociales Mediadas-por-Dinero (Construcciones Sociales)

El dinero surge espontáneamente de las construcciones sociales del homo sapiens. Incluso surge en los primates. Puedes enseñarles dinero a los monos, y ellos aprenderán cómo intercambiar fichas abstractas por comida y luego usarlas para construir relaciones sociales. También inventarán robos a mano armada: golpearán a otro mono, le quitarán sus piedrecitas, se comerán las bananas.

Los niños inventan dinero. En el jardín de niños usan bloques, pulceras de goma, tarjetas de Pokémon y otras pequeñas fichas —abstracciones de valor que intercambian para fortalecer los lazos sociales, expresar lealtad y amistad, aprender a compartir. En un futuro cercano, los niños construirán monedas, solo que esta vez estas monedas serán globales, infalsificables y escalables el primer día. Dentro de unos años, María lanzará «MaríaCoin» en su jardín de niños para competir contra «JoeyCoin».Realmente no no le importará a nadie, hasta que, por supuesto, Justin Bieber lance «JustinBieberCoin» y supere la capitalización de mercado de treinta naciones en este planeta, y todos estemos escribiendo editoriales de opinión horrorizados sobre cómo el mundo se va al infierno.

La Banca Ha Cambiado Para Siempre

Lo que sucede con esta tecnología es asombrosamente profundo. Ciertamente, para algunas de las compañías en esta sala, da un poco de miedo. La banca nunca ha sido el sector más innovador del mundo porque existe un equilibrio muy cuidadoso entre la innovación y el deber fiduciario conservador que existe en la banca —que *debe* existir— cuando controlas el dinero de otras personas. **Sin embargo, con Bitcoin, no controlas el dinero de otras personas.** En Bitcoin, *yo* controlo mi dinero. Tengo autoridad completa y total sobre mi bitcoin; no puede ser incautado, no puede ser congelado, no puede ser censurado. Mis transacciones no pueden ser interceptadas y no pueden ser detenidas. Puedo realizar transacciones con un anonimato casi completo, y cualquiera puede hacerlo solo cinco minutos después de descargar una aplicación.

La idea de que puedes proceder en la industria del dinero, en las industrias del comercio y mantener la misma actitud conservadora que ha existido durante siglos, desde que los comerciantes en Venecia y Ámsterdam comenzaron a emitir certificados de depósito y proporcionar servicios bancarios —se ha ido. No puedes operar sistemas cerrados que tienen fronteras y requieren permiso para unirse, a un ritmo de innovación controlado por las tendencias más conservadoras dentro de su organización, porque ahora estás compitiendo con una tecnología que permite el crecimiento exponencial, la innovación exponencial en los bordes —sin permiso— por cualquier persona en el mundo.

Bancarizando a los No Bancarizados, Desbancarizando a Todos

Hoy esta tecnología está sirviendo a la élite privilegiada. Si puedes abrir una cuenta de corretaje en línea y negociar en el mercado de valores de Tokio en un lapso de 12 horas en yenes, eres parte de la élite: 1500 millones de personas tienen ese privilegio. Pero esta tecnología no se trata de la élite. Se trata de todos los demás. De los otros 6000 millones de personas en este planeta, 4000 millones están significativamente subbancarizados, y unos asombrosos 2000 millones de personas están completamente descanbarizadas. Ellos darán el salto exponencial de la innovación; nunca tendrán una relación con un banco y no son los únicos.

Los niños nacidos hoy nunca tendrán una cuenta bancaria. Tendrán una *aplicación* bancaria —no una aplicación bancaria que les da acceso a su cuenta bancaria, sino una aplicación bancaria que los convierte en banqueros, banqueros internacionales en una aplicación. No se les permitirá abrir una cuenta bancaria tradicional hasta que tengan 16 años de edad; para entonces, espero que tengan al menos seis años o más de experiencia con monedas digitales. Me gustaría verlos entrar a una sucursal bancaria para que alguien les explique lo que significa «de tres a cinco días hábiles».

Es probable que los niños nacidos hoy nunca obtengan una licencia de conducir porque habrá autos sin conductor. Tampoco utilizarán jamás los billetes, porque para cuando lleguen a la edad en que realmente comiencen a usar dinero de adultos, no habrá billetes. Parecerá tan anacrónico como nos parece una máquina de fax o un caballo a nosotros.

Innovación Exponencial desde una Receta Compleja

Dar acceso a miles de millones de personas es una innovación exponencial a nivel mundial. Tienen una enorme necesidad y este sistema les ofrece una solución. Pero el sistema aún no está listo: es incipiente, complejo e imposible de usar para la mayoría de las personas.

En 1989, envié mi primer correo electrónico. Para hacerlo, tuve que compilar una versión del programa de correo de Unix usando un compilador C y habilidades de línea-de-comandos de Unix. Tuve que configurarlo en línea-de-comandos, escribir mi correo electrónico, y ese correo electrónico se transmitió a través de Internet en unos asombrosos *tres* días. 20 años después, mi madre replicó esa experiencia con solo deslizar el dedo en su iPad.

Bitcoin hoy, y todas las monedas que se construyen usando esa receta, se encuentran en la misma etapa que Internet en 1992. Solo que ahora tenemos Internet, por lo que la tasa de crecimiento exponencial ya ha comenzado. La innovación está creciendo a un ritmo asombroso. Paso todos los días, a tiempo completo, tratando de seguir el ritmo de Bitcoin y es casi imposible.

El Regalo de la Autonomía Financiera

No subestimes esto. No hagas caso a las personas que te dicen que Bitcoin es solo para pornógrafos, terroristas, traficantes de drogas y apostadores. Recuerda que dijeron exactamente lo mismo acerca del internet. Pero cuando 2 o 3 millones de personas se conectaron en línea, descubrimos que no están interesados en esas cosas —están interesados en compartir videos de gatos, y ahora tenemos un internet con miles de millones de videos de gatos.

Cuando tomas la tendencia de la moneda digital y se la das a los 4000 millones de personas que han sido aisladas de las finanzas y el comercio internacional — y les das la oportunidad de controlar su dinero contra los gobiernos despóticos y los bancos corruptos que les están robando— les das la oportunidad de controlar su futuro. Les das la oportunidad de realizar transacciones con todos en el mundo, de poseer el título de su propiedad en un token digital totalmente transferible que es reconocido en todas partes. Tu les das control sobre las finanzas que no pueden ser incautadas, congeladas o censuradas. Comprarán comida, atención médica, saneamiento, educación, vivienda, refugio —porque eso es lo que hace la gente.

A los subbancarizados y no bancarizados no se les negará esta tecnología. **El Internet del Dinero se lanzó el 3 de enero de 2009. Este lenguaje, esta moneda, esta ola de innovación está llegando.** Viene más rápido de lo que puedes imaginar. Es más profundo de lo que puedes imaginar. Es más sofisticado de lo que puedes entender de inmediato. Lleva años de estudio solo ver todas las implicaciones.

Es un regalo para todo el mundo, una tecnología que representa la sexta mayor innovación en la tecnología del dinero, la tecnología más antigua de nuestra civilización.

Gracias.

Blockchain vs. Porquería

Blockchain África Conference at Focus Rooms; Johannesburgo, Sudáfrica; Marzo 2017

Enlace de video: https://aantonop.io/blockchainvsbullshit

¿La Tecnología Más Grande o El Bombo Más Grande?

Hace un par de años, esta conferencia se llamó la «Conferencia de Bitcoin»; ahora es la «Conferencia de Blockchain». El próximo año, probablemente será la «Conferencia de Tecnología DLT» y luego será la «Conferencia de Base-de-datos-inspirada-por-pero-ya-de-ninguna-manera relacionada-con-la-Blockchain». Es una progresión interesante y como verás, relevante para nuestra discusión de hoy.

Entonces empecemos. ¿Qué es lo que exactamente está pasando aquí? ¿Es esta la mayor innovación tecnológica y explosión de innovación desde el Internet móvil? ¿Quizás incluso desde el internet en sí? ¿O es este el mayor bombo publicitario organizado en torno a una tecnología en la historia de la tecnología? Ambos, y de hecho esa es una característica de las tecnologías avanzadas.

A menudo digo que donde está hoy Bitcoin y las otras blockchains abiertas es aproximadamente donde estaba el Internet en 1992, en términos de tecnología, en términos de implementación de infraestructura, en términos de patrones de adopción. Pero si bien esta tecnología se encuentra aproximadamente donde estaba el Internet en 1992, el *bombo* en torno a «blockchain» es exactamente donde estaba la exageración en torno al Internet en 1998. Y ya sabes lo que viene después. Habrá una sacudida.

Cuando las aguas retrocedan, verás quién en la playa no llevaba traje de baño. Se quedarán allí desnudos. Esto sucederá en el espacio de las blockchains. Hay *muchísima* porquería que le está siendo vendida a los capitalistas de riesgo, a los inversores, a los compradores de ofertas iniciales de monedas o ICO (por sus siglas en inglés), a los inversores sin conocimiento. Hay muchos esquemas Ponzi y esquemas piramidales. Hay muchas promesas vacías. También hay mucho de lo que ya conocemos disfrazado de innovación, disfrazado de tecnología disruptiva.

Concientización de la Seguridad y Criptografía Aplicada

Ahora estamos en tiempos distintos en los que la tecnología subyacente realmente es masivamente disruptiva, enormemente innovadora. La cantidad de investigación que está ocurriendo hoy en día en criptografía aplicada no tiene precedentes. **Estamos viendo el mayor despliegue civil de criptografía de clave pública de la historia,**

porque resulta que las personas solo protegen las claves cuando esas claves están vinculadas a un valor. Nada le enseña a alguien sobre seguridad más rápido que tener su bitcoin en un ordenador Windows.

Ser propietario de bitcoin cambia rápidamente tu actitud hacia la seguridad de la información. Antes de Bitcoin, no te importaba proteger tus fotos; a algunos ni siquiera les importaban las fotos sexys! No te importaba tu ubicación, el hecho de que todo lo que hiciste fue rastreado. No te importaba publicar toda tu vida en Facebook. Usas la misma contraseña, «contraseña1234», en 17 sitios diferentes. No sabías qué era la autenticación de dos-factores. Entonces, llegó Bitcoin. De repente, estás en una curva de aprendizaje empinada y mejoras cada día. Ahora le estás contando a tus amigos sobre la autenticación de dos-factores y te horrorizas al recordar cómo solías practicar la seguridad. Almacenar valor tiene esta capacidad única de hacerte enfocar en los aspectos de seguridad que importan.

Esta tecnología está impulsando esta oleada de concientización acerca de la seguridad. Está impulsando la investigación más increíble en criptografía aplicada que hemos visto. Algunos de ustedes tienen conocimientos técnicos; están inmersos en informática, han visto lo que está sucediendo aquí. Nadie pensó que estaríamos aplicando firmas Schnorr. Nadie pensó que veríamos aplicaciones avanzadas de curva elíptica. Nadie pensó que usaríamos firmas de anillo (ring signatures, por su nombre en inglés) y pruebas de rango para las Transacciones Confidenciales. El estado de anonimato y privacidad avanza rápido. Estamos construyendo un mundo nuevo en términos de criptografía y esta es criptografía aplicada en la red de seguridad criptográfica más grande que el mundo haya visto.

Esto no es algo que ya conocemos. Es sumamente disruptivo.

Blockchain No es la Tecnología Detrás de Bitcoin

De la exageración surgió este fantástico dicho: «Blockchain es la tecnología detrás de Bitcoin», que es incorrecto. **Blockchain es una de las cuatro tecnologías fundacionales (Blockchain, Prueba de trabajo, Red P2P y Criptografía) detrás de Bitcoin, y no puede sostenerse sola.** Pero eso no ha impedido que la gente intente venderlo.

Hoy, «blockchain» es Bitcoin con un corte de pelo y un traje que desfilan frente a la junta directiva. Es la capacidad de dar una versión depurada, fácil y cómoda de Bitcoin a aquellos que están demasiado atemorizados de la tecnología realmente disruptiva. Entras en este mundo muy extraño, donde las palabras ya no significan nada.

¿Puedes definir «blockchain»? Creo que algunas personas en esta sala probablemente podrían definir «blockchain». El verdadero desafío sería: ¿puedes definir «blockchain» de tal manera que no pueda hacer buscar y sustituir con la palabra «base de datos» y aún así hacer que esa oración funcione? Porque ese es el desafío: si lo que estás haciendo es una base de datos con firmas, no es interesante. Es aburrido.

La Esencia de Bitcoin: Revolucionar la Confianza

¿Cuál es la esencia de Bitcoin? No es blockchain. **La esencia de Bitcoin es la capacidad de operar de manera descentralizada sin tener que confiar en nadie.** La esencia de Bitcoin es poder usar software para verificar de manera autoritaria e independiente todo tu mismo —sin apelar a la autoridad.

En Bitcoin, no confías en los otros nodos con los que te comunicas. Asumes que están mintiendo. No confías en los mineros ni en las personas que crean las transacciones. No confías en nada más que en el resultado de tu propia verificación y validación. A través de eso, terminas confiando en algo más importante: el efecto de la red.

Seguridad Descentralizada a Través de la Computación

Bitcoin introdujo el concepto de seguridad descentralizada a través de la computación, y esto aún no se ha comprendido del todo. Bitcoin representa un nuevo modelo de seguridad. Reemplaza el modelo de seguridad basado en círculos concéntricos de acceso y control con una institución en el centro, con un modelo de seguridad que es de adentro hacia afuera, abierto y accesible para todos. Este modelo de seguridad se basa en las fuerzas del mercado y la teoría del juego. **Es el primer modelo de seguridad basado en el mercado**, en el que una serie de incentivos y castigos aseguran cuál es el resultado final: puedes confiar en la plataforma en sí, como un árbitro neutral que no está controlado por nadie, sin terceros ni intermediarios.

Bitcoin revoluciona la *confianza.*

Blockchains Abiertas

Utilizo el calificativo «abierto» para hablar sobre *blockchains abiertas*, es decir, las aplicaciones de esta tecnología que te permiten ejecutar un sistema descentralizado y confiable que no depende de cualquiera como intermediario de confianza. Porque esa es la disrupción aquí. Esa es la esencia de esta tecnología.

Esa esencia está presente en algunos otros sistemas además de Bitcoin. Por ejemplo, Ethereum lo exhibe para la aplicación de contratos inteligentes. Pero esos contratos inteligentes solo funcionan si uno no tiene que confiar en que alguien ejecute el contrato inteligente correctamente y eso depende de que todos puedan participar de manera abierta, verificando la información de forma independiente y que todos tengan acceso al algoritmo de consenso subyacente.

Características de Las Redes de Confianza

De estas características proviene el poder de estas tecnologías blockchain:

Abierta. Esa es la palabra clave.

Transfronteriza. No hay fronteras.

Transnacional. Esto ya no se trata de estados-nación; Se trata de la confianza centrada en la red. Sin terceros, la red es la parte confiable pero solo si uno lo verifica todo.

Neutral. No está para servir los objetivos de ninguna organización o institución. Sigue las reglas de consenso de manera neutral; todos siguen las reglas de consenso de manera neutral. No existe tal cosa como una transacción «buena» o una transacción «mala», una transacción «valiosa» o una transacción «spam», una transacción «autorizada» o una transacción «no autorizada», una transacción «legal» o una «ilegal». En estos sistemas, solo existe una transacción *válida* o *inválida*, basado en las reglas de consenso. No importa quién es el que envía, quién es el que recibe, o cuál es el valor o activo o contrato inteligente que está siendo ejecutado. Neutralidad, neutralidad radical.

Resistencia a la censura. Para que el sistema sea abierto, sin fronteras, transnacional y neutral, debe ser capaz de defender estas propiedades haciendo imposible que cualquier actor —o incluso varios confabulantes— censure, interrumpa, ponga en lista negra, restrinja, confisque o congele transacciones o evite que usuarios o países participen en esta red.

Esas son las características importantes de estos nuevos sistemas de confianzas abiertos y descentralizados, que no dependen de las instituciones.

¿Es Blockchain o Porquería?

Con lo que me gustaría equiparles es con un conjunto de criterios para entender cuando se les presente algo —tal vez para invertir, como empleado o para ser parte de alguna manera— que se dice a sí mismo una «blockchain», un «libro de registros distribuido», o uno de estos otros nombres que están saliendo. ¿Cómo puedes distinguir: blockchain o porquería?

Ambos comienzan con una *b* (por su letra inicial en inglés), pero ¿cuál es la diferencia?

- Si puedes reemplazar la palabra «blockchain» con «base de datos» y el folleto dice lo mismo, todo sigue como siempre.
- Si no es descentralizado, transfronterizo, neutral, resistente a la censura o abierto, entonces no es innovador.
- Si reestablece la confianza en los intermediarios, es solo una base de datos, y eso no es disruptivo.

¿La idea de que tomaremos esta tecnología y la usaremos para mejorar los márgenes operativos de las instituciones de confianza centralizadas para que puedan continuar sus negocios de siempre? Yo diría que es aborrecible, pero esa es una palabra fuerte. Es simplemente aburrido —muy, muy aburrido. Nadie se metió en esto para ganar unos pocos miles de millones para una cámara de compensación de servicios financieros. Si lo hiciste, lo siento mucho, pero eso es aburrido.

Lo que es realmente entusiasmante es la posibilidad de cambiar fundamentalmente la forma en que asignamos confianza en este planeta —abriendo la capacidad de colaborar, realizar transacciones y comprometerse a nivel global con todos.

Al simplemente descargar una aplicación, puedes formar parte de una plataforma gigante de confianza a la que no le importa quién eres o de dónde vienes, que no requiere permiso para participar o innovar. Donde un programador de JavaScript de 12 años tiene la misma influencia y poder que JPMorgan Chase —más, de hecho, porque el niño de 12 años está escribiendo código abierto y lo incorpora a una comunidad de colaboración que está creando un tsunami de innovación.

«Libro de Registros Distribuido» Autorizado

Tomar esta tecnología y usarla para fortalecer las mismas instituciones centralizadas para que puedan mejorar sus resultados es aburrida. Eso no es blockchain; eso es solo una base de datos. No cambia nada. De hecho, hay algunas posibilidades bastante inquietantes en este modelo.

Como Realmente Funcionan los DLT

Pensémoslo por un momento. La aplicación más comúnmente expresada para estas nuevas «tecnologías de libros de registros distribuido», o *DLT*, es reemplazar la función de una cámara de compensación centralizada por un consorcio de *n* participantes, donde *n* es 2, 3, 4, 5, 10 participantes conocidos, autorizados y controlados, quienes ensamblarán transacciones y las firmarán —en lugar de competir a través de las fuerzas del mercado en un modelo de seguridad como el de Bitcoin.

Desechan la moneda como mecanismo subyacente para construir seguridad basada en el mercado. Desechan la prueba de trabajo como «inútil», porque lo único que les permite hacer una blockchain, segura, neutral y resistente a la censura. Desechan la apertura y confían en cinco partes nombradas para firmar transacciones de acuerdo a las reglas que éstas mismas diseñan.

A ese punto, no necesitan ensamblar estas transacciones en bloques. Solo pueden firmar las transacciones individualmente; no necesitan eslabonarlos porque, a falta de prueba de trabajo y un sistema de incentivos monetarios, la reescritura es fácil. No hay inmutabilidad. Ya no es una blockchain, porque no hay bloques y no hay cadena.

Ahora eso es a un nivel técnico, pero veamos el nivel más importante: ¿qué sucede cuando reemplazas una cámara de compensación con un consorcio de jugadores interesados?

Confiar en el Cartel

Las cámaras de compensación, que validan los intercambios entre bancos, proporcionan valor más allá de las transacciones de compensación. Una de las características más importantes de una cámara de compensación es que no participa en el mercado; No tienen nada que arriesgar. La Bolsa de Nueva York no es un operador activo. Eso no es un accidente; eso se llama *separación de intereses*. La cámara de compensación es una parte independiente con supervisión y no participa en el mercado. Si eliminas a la parte independiente y la reemplazas con cinco bancos, todos los cuales corren riesgo, ¿cómo se garantiza la integridad cuando los incentivos para engañar, invertir con ventaja, manipular el mercado y romper las reglas de consenso, incluso de manera adversa contra las otras cuatro partes, son tan altos? No hay incentivo para mantener las reglas de consenso. Esencialmente dicen: «Confía en nosotros, somos un consorcio».

¿«Confía en nosotros»? ¿En estos cinco bancos? ¿Dónde estaban en 2008? ¿En dónde estaban cuando se manipuló LIBOR? ¿En dónde estaban cuando se manipulaba el mercado del oro? ¿En dónde estaban cuando la inversión ventajista y de alta frecuencia creaba estos monstruos compinches del capitalismo? ¿«Confía en nosotros»? ¡Diablos, no!

Eliminar la cámara de compensación y reemplazarla con … ¿Cuál es la palabra? … no es *consorcio* … ¡Oh sí, *cartel*, esa es la palabra! Reemplazandolo con un cartel de los *mismos* creadores del mercado que han manipulado y comprometido todos los mercados de la historia, y lo hacen de una manera que los escuda de la transparencia. Esa no es una receta para la eficiencia, la inmutabilidad, la seguridad o la transparencia. **Eso no es una blockchain —es una porquería, una muy rentable.** Requiere que tengas confianza en el juego. Un juego de estafa, como se le conoce.

¡Ten cuidado! Cuando vea que estas tecnologías —cuyo propósito fundamental es eliminar intermediarios confiables y crear un sistema abierto, sin fronteras y neutral — son transformadas en una herramienta para que un grupo desconfiable de «partes confiables» manipulen los mercados, habrá un desastre. Y lo van a hacer.

Tengo algo de consuelo en el hecho de que sus claves se filtrarán. Cuando centralizas un sistema, debes tener una seguridad perfecta. Ninguno de ellos ha logrado hacer eso. Todas las compañías involucradas en este nuevo y valiente ámbito habitual han sido pirateadas, violadas, filtradas, denunciadas una docena de veces. ¡No pueden mantener la información segura, nadie puede! **El objetivo principal de una blockchain descentralizada es que no se mantiene segura la información; la distribuyes de tal manera que no hay un lugar para atacarla directamente. Eso es lo que la hace segura.**

¿Qué sucede cuando lo concentras entre cinco participantes? Espero impaciente la colaboración de Anonymous y Wikileaks para revelar a los titanes de Wall Street y su Registro de todas las transacciones que han realizado. Espero impaciente, va a ser muy divertido, va a ser muy divertido. Y *sí* va a suceder.

Las Verdaderas Oportunidades

La gente está examinando este mercado; lo toman y tratan de alcanzar algo en la oscuridad. Cuando tienes una nueva tecnología disruptiva, no puedes ver el márgen. Es como trastabillar en una habitación oscura. En algún lugar hay una compañía multimillonaria; en alguna parte hay una oportunidad. Tienes que descubrir qué mercado existe que creará oportunidades, que cambiará el mundo, que tendrá un impacto en la humanidad.

Los emprendedores observan los problemas de otras personas y los ven como oportunidades. Cuando los periodistas en 1997 escribían sobre «el inminente fracaso del Internet» debido a la imposibilidad de encontrar algo, Larry Page y Sergey Brin encontraban cosas y construían un imperio multimillonario para resolver el problema irresoluble de búsqueda.

Existen problemas aparentemente irresolubles en la plataforma de red abierta, descentralizada, pública, transparente, neutral, resistente a la censura, global y sin confianza que es la blockchain. Y estas otras blockchains —Bitcoin, Ethereum y muchos otros sistemas abiertos— están intentando paulatinamente encontrar su nicho.

Los Tres Elementos Para el Éxito:

¿Dónde están esos mercados? Hay tres elementos para el éxito en esta industria. El primero es identificar un mercado viable. Tienes que trastabillar en la oscuridad y encontrar algo útil. Muy a menudo, las personas que tropiezan en la oscuridad no encuentran nada útil. En 1998, Pets.com estaba construyendo un imperio de comercio en línea para suministros de mascotas. Llegó muy pronto. El mercado no existía.

Antes de Peapod, web grocer Webvan estaba entregando víveres a los hogares en San Francisco. Fracasó de manera miserable. ¿Era ese el mercado correcto? Tal vez, pero era el momento equivocado. Ese es el segundo elemento importante: el momento adecuado. Puedes identificar algo que, en algún momento, será enorme, pero estás adelantado por una década.

Entonces el factor más importante: secuenciación. El requisito. ¿Por qué Facebook no sucedió en 1992? No teníamos la suficiente densidad de adopción. No teníamos dispositivos móviles que estuvieran conectados permanentemente. Ni siquiera teníamos Internet en el hogar que estaba permanentemente encendido. No teníamos una red social densa para relacionarnos con las personas que conocíamos, porque las personas que conocíamos apenas tenían correo electrónico, si es que tenían. No se puede construir un sistema de complejidad que dependa de la interacción de colectiva de alta densidad cuando el mercado todavía está enfocado en entregar aplicaciones de individuales con baja densidad.

Para usar un ejemplo de la ciencia, es como tratar de fusionar hidrógeno directamente en carbono. No puedes hacer eso. Tienes helio, litio, berilio, pero tienes un largo camino por recorrer y necesitas seguir mezclando cosas antes de poder obtener suficiente densidad para comenzar a hacer cosas interesantes como la química orgánica.

La conclusión es que no puedes hacer aplicaciones avanzadas de títulos de bienes raíces, votación en la blockchain, los mercados minoristas a escala. No puedes hacer mercados densos de consumidor a consumidor. No puedes realizar ventas minoristas en puntos de venta con estos sistemas. *Todavía* no puedes hacer muchas de las cosas a pesar de que podrían ser mercados muy interesantes. La razón por la que no puedes hacerlas es porque no hay suficiente liquidez, no hay suficientes usuarios, no hay suficiente adopción. Las interfaces de usuario son horribles, las aplicaciones aún están en su etapa temprana. Eso no significa que estas cosas *no puedan* suceder. Simplemente significa que no sucederán este año.

Madurando de la Infancia

Para que las personas tengan la confianza de poner el título de su hogar en esta blockchain, tiene que ser capaz de asegurar no miles de millones sino billones de dólares en activos. Para poder asegurar billones de dólares en activos, debe tener liquidez e infraestructura. Debe tener una amplia adopción. No vas a obtener adopción en una transacción que la mayoría de las personas realizan dos veces en su vida, cuando ni siquiera puedes lograr que la usen para las transacciones que realizan todos los días.

La adopción masiva lleva tiempo. Durante los primeros 15 años del Internet, la aplicación fue el correo electrónico; no fue hasta que todos lo tuvieron, debieron tenerlo y lo necesitaron para trabajar que vimos emerger la segunda capa, porque eso creó la densidad de adopción.

La moneda es el correo electrónico de blockchain. Los pagos son la infraestructura fundamental que permitirá la densidad de adopción. Es muy, muy tentador decir: «¡Esto es más que dinero!» Es absolutamente, a largo plazo. La visión de esta tecnología va mucho más allá del dinero, pero no puedes construirla a menos que primero construyas la parte del dinero. Eso es lo que crea la seguridad. Eso es lo que crea la velocidad, la liquidez, la infraestructura. Eso es lo que financia todo el ecosistema.

Al final, cuando entreguemos estos servicios a las personas, no será entonces para que puedan abrir una cuenta bancaria. **No se trata de bancarizar a los no bancarizados; se trata de desbancarizarnos a todos.**

Gracias.

Noticias Falsas, Dinero Falso

Silicon Valley Bitcoin Meetup at Plug and Play Tech Center: Sunnyvale California; Abril 2017

Enlace de Video: https://aantonop.io/noticiasfalsasdinerofalso

Los Proveedores de Noticias Falsas

Las «noticias falsas» han sido anunciadas mucho últimamente. Tenemos todas estas acusaciones que circulan. Los medios de comunicación establecidos —el *New York Times*, el *Washington Post*— señalan con el dedo a «estos proveedores de noticias falsas», principalmente a los sitios en el Internet. Y los sitios del Internet también les apunta diciendo: «¿Recuerdas a Judith Miller? "¡Hay armas de destrucción masiva (ADM) con tubos de aluminio en Irak!" Mentiras». Las noticias falsas provienen de ambos lados.

Vemos pilares bien establecidos de autoridad y verdad, como el *New York Times* y el *Washington Post*, o incluso CNN, Fox News y otros canales de televisión como CBS y ABC, animando una guerra basada en premisas falsas —y eso solo fue la semana pasada, ¡nuevamente! No Iraq, sino Siria esta vez. ¿Hemos aprendido algo? No, no hemos aprendido nada.

¿Cómo llegamos aquí, en un mundo donde ni siquiera podemos distinguir que es verdad y qué no? ¿Por qué tenemos este debate sobre noticias falsas? Parte de esto tiene que ver con el surgimiento de internet a principios de los 90.

La Muerte de la Verificación de Hechos

Internet no interrumpió a los periódicos y las compañías de televisión robándoles la audiencia en busca de noticias; eso vino mucho, mucho más tarde. Primero, el Internet interrumpió sus fuentes de ingresos más rentables. Para los periódicos, esa era la sección de avisos clasificados. Así es cómo ganaban la mayor parte de su dinero, en la publicidad de pequeñas empresas y la sección de clasificados. Apareció el Internet y anunció (Craigslist) todo eso, simplemente lo debilitó por completo. Ahora puedes hacerlo todo gratis, y es instantáneo. ¡Pum! De repente, la fuente de sus ingresos más rentables desaparece y los periódicos tienen que adaptarse.

Entonces, ocurrió nuevamente con la televisión. Comenzaron a perder ingresos por publicidad en los nuevos sitios web populares que recibían más atención. Primero, comenzaron a perder a los anunciantes locales y pequeños que ahora podían colocar anuncios y dirigirse a grupos demográficos y audiencias específicas, porque podían obtener información mucho más detallada. La televisión es unidireccional; No tienes idea de quién está viendo. Con la publicidad dirigida en Internet, la televisión también comenzó a perder ingresos.

¿Entonces, qué hicieron? Recortaron la grasa. «¿Periodistas? Realmente no los necesitamos. Sin sección internacional, corta eso. ¿Periodismo de investigación? Corta eso. ¿Qué está vendiendo más periódicos? "Pregúntale a Judy", la sección de astrología, el info entretenimiento, dibujos animados y noticias sensacionalistas. Si sangra, sí vende».

Inexorablemente, comenzó la larga tendencia bajista de la industria de las noticias. Se deshicieron de la sección internacional, se deshicieron del periodismo de investigación, dejaron de corroborar los hechos, se deshicieron de la editorial. Lo que quedaba era un grupo de pasantes, yendo y viniendo copiando los comunicados de prensa de poderosas corporaciones y presentándolos como hechos, tomando notas cuando alguien que aparentemente era importante dice algo, sin cuestionarlo, simplemente escribiéndolo y publicándolo —como verdad.

Citaciones y Fuentes de Verdad

Se han producido «noticias falsas» porque la base para producir la verdad se ha eliminado de las mismas instituciones cuyo trabajo era producir la verdad. Esto ha causado una situación extraña porque, antes de la era de las «noticias falsas», ¿cómo sabías si algo era verdad? Bueno, el *New York Times* lo dijo, el *Washington Post* lo dijo, estaba en CBS. Seguramente, lo han comprobado, por lo tanto, debe ser la verdad.

La base fundamental para el descubrimiento de la verdad ha sido apelar a la fuente. Si estuvieras escribiendo un ensayo en un curso universitario, tu profesor te preguntaría: «¿En qué basas este argumento? Dame las citas. La fuente de tu argumento. ¿Dónde están los hechos?» Si tomaras un titular del *New York Times* como origen de fuente, dirían: «Está bien, genial. Esa es una cita de una fuente válida».

Utilizamos el *emisor* para determinar la calidad de lo que emitieron. Analizamos la autoridad de las noticias en función de la autoridad de la *institución* que lo dijo. Porque ese *era* un buen modelo, una buena heurística. Nos dio una buena relación de falso-positivo, falso-negativo. Fue una apuesta. Era una forma de decir: «No puedo verificar todo eso, pero estas personas sí. Si leo, no solo aprenderé, sino que también me informaré».

Sin embargo, ahora estamos en una situación en la que las personas que ven más televisión y leen más periódicos son la parte *menos* informada del electorado. ¿Cómo sucedió eso? Las instituciones siguen en pie. Su autoridad sigue en pie ante algunos. La base de la credibilidad sigue ahí. Todavía tienen grandes edificios, amplia circulación y grandes nombres. Pero el mecanismo que entregaba la verdad ya no está allí. El mecanismo que garantizaba la calidad ya no existe o está significativamente erosionado.

¿Cuál es su respuesta a eso? «¿Nos esforzaremos más?» No. Visitan el Internet y dicen: «¡Uds. son noticias falsas!»

Podría decirse que muchas de las cosas en Internet *son* noticias falsas, porque nunca tuvo ninguno de estos mecanismos para producir la verdad. Pero Internet que nunca tuvo los mecanismos, y los periódicos que ya no tienen los mecanismos, ahora están produciendo la verdad en una base relativamente igual. De vez en cuando, algún bloguero descubre una historia increíble que nadie ha notado. Y es la verdad y las redes lo toman. De vez en cuando, las instituciones de la verdad tradicional caen de bruces y nos entregan porquerías, empaquetadas en un nombre elegante.

El resultado es que las personas comienzan a cuestionarse si deberían creer cualquier cosa.

Los Mecanismos del Descubrimiento de la Verdad

¿Cuál es la opción? ¿A dónde partimos desde aquí? ¿Tenemos que evaluar cada hecho por nosotros mismos? ¿Tenemos que usar el juicio propio para corroborar los hechos porque despidieron a quienes lo hacían? ¿Cómo hacemos para evaluar cada segmento informativo como hecho o noticia falsa?

Bueno, hay una heurística *fácil*. Si el estimado líder de tu partido político dice que son noticias falsas, entonces son noticias falsas. Ahora, externalizamos la búsqueda de hechos a la tribu a la que pertenecemos. Si el líder tribal dice que esos tipos están mintiendo, simplemente vamos con eso. También sucede en Bitcoin. El tribalismo es parte de la naturaleza humana. Lo que es realmente interesante es que lo que acaba de suceder en las noticias —que ha dejado a toda una generación de personas ahora incapaz de discernir la verdad de la ficción y fácilmente manipulado a través de la propaganda— y casi me atrevo a decir que esto está por sucederle al dinero.

La Ilusión de Valor

¿Cómo sabes que el dinero tiene valor? Me hacen esta pregunta cada vez que imparto un seminario sobre Bitcoin, generalmente de alguien nuevo en Bitcoin. Dicen: «Pero Bitcoin no está respaldado por nada. Esta cosa que tengo en el bolsillo dice «*Banco Central de bla, bla*». Está respaldado por la nación / reina / rey / parlamento / PIB de mi país o el oro que tenemos en nuestras bóvedas». *¡No tienes oro en tus bóvedas!* Mucha gente todavía piensa que hay oro en las bóvedas. Es un malentendido común. La mayor parte de nuestra comprensión del dinero proviene del mito. Apenas se elimina del nivel de mito que es Santa Claus. Tenemos esta fantasía inventada sobre el dinero que recibimos de niños. Como adultos, cuando notamos incongruencias, lo tapamos con algunos clavos oxidados y tablones para mantenerlo en su lugar. **Intentamos mantener la fantasía. Como parte de eso, adoptamos estas ideas absurdas como «hay oro en las bóvedas».**

Perdiendo La Fe

Teníamos una heurística. La heurística era: si un gobierno democrático estable, basado en algunos principios ampliamente libres, maneja la economía con sensatez y dice que el dinero tiene valor, entonces tiene valor. Esa es una gran heurística. Eso elimina la necesidad de que podamos evaluar independientemente cada billete que tengamos en las manos. ¿Este billete todavía valdrá $20 mañana? De acuerdo, ¿no este porque era falso, sino este otro el «verdadero»? Sí, valdrá $20. Tal vez no se compre $20 en el dinero de hoy; tal vez se compre $19,80 en un año. Realmente no lo notas, pero está bien. Confías en que todavía va a existir.

A menos que seas griego, chipriota, o venezolano, o argentino, o brasileño, o zimbabuense, o de Ucrania. Solo sigue agregando a esa lista; Ha sucedido muchas veces. Un día, te despiertas y descubres que los bancos están cerrados. El gobernador del banco sale en la televisión diciendo: «¡No se asusten! ¡Todo está bajo control!» Cuando un funcionario del gobierno dice eso, ya sabes: ese es el momento de sentir pánico. Ahora se trata de quién se va a formar afuera del banco, porque no abrirán la próxima semana como lo prometieron. La medida de emergencia temporal se convertirá en una medida de emergencia permanente. Garantizada, así es siempre. Así que a correr a formarse por su dinero en el banco.

De repente, la institución del dinero se derrumba. ¿Ahora en qué confías? Vuelves a lo básico, cosas que puedes examinar y validar por ti mismo: oro, pollo, arroz, sal, azúcar, cualquier cosa que tengas en las manos o el dinero de ese otro país. El dólar estadounidense es moneda fuerte, ¿verdad?

Fe Plena y Crédito Requieren Reciprocidad

El concepto del dinero es una de esas cosas que tiene valor principalmente porque atribuimos el valor como resultado directo de su emisión por una autoridad confiable. Externalizamos nuestra propia determinación de valor a este tercero de confianza. ¿Qué sucede cuando ese tercero de confianza deja de cumplir esa promesa? ¿A propósito? ¿Por accidente? ¿Por mala gestión? ¿Quién sabe qué sucede cuando la frase que parecía tan significativa, fuerte y satisfactoria —«la fe plena y crédito del gobierno de los Estados Unidos»— pierde significado, fortaleza y satisfacción?

«La fe *plena*», ¡no solo *algo* de fe! ¡Le fe plena y crédito de todos los Estados Unidos de América! Ellos le dan fe plena y crédito, y a cambio usted les da toda *su* fe y crédito. Compara eso con este: «La fe plena y crédito del banco nacional de Zimbabue». Esa frase ya no tiene mucho peso, esa frase en la que pones toda tu fe.

Cada vez que recibes uno de esos billetes, le estás dando crédito —les estás dando un producto o servicio a cambio del billete, eso es crédito. Estás dando fe. **Tu fe plena y crédito no se basa en ningún raciocinio en lo absoluto, aparte de que de alguna manera crees en la frase «la fe plena y crédito».**

Tengo una predicción. Esta frase se volverá cada vez más insostenible —no solo en los puntos críticos, no solo en los remansos, no solo en las naciones en desarrollo y el «tercer mundo», como solíamos decirles, sino en muchos lugares simultáneamente. $220 billones de deuda dicen que «la fe plena y crédito» suenan huecos en todo el mundo. ¿Qué sucede cuando ya no pueden reforzarlo?

Saliendo del Sistema

Bitcoin no está tratando de convertirse en una moneda nacional. Oh no, está haciendo algo mucho más peligroso. Alienta a las personas a poner sus ahorros fuera del sistema. Eso es lo peor que puedes hacerle a un sistema basado en la fe plena y crédito. Estamos quitando el crédito y la fe, al presentar una alternativa que algunas personas encontrarán más útil. En algunos lugares, donde se ha dañado la fe plena y crédito de la moneda nacional, acudirán a Bitcoin como una alternativa valiosa, porque saben que es más seguro.

Estamos viendo que eso sucede. Vimos que sucedió en masa después del 8 de noviembre en India, cuando el gobierno indio desmonetizó el 86 por ciento del dinero del país. ¿Dónde está la fe ahora? No hay fe plena. ¿Puedes imprimir en el dinero «14 por ciento de la fe y crédito del Banco Nacional de India»? Sacamos el 86 por ciento, por lo que queda el 14 por ciento. La declaración, «Este dinero está respaldado por el 14 por ciento de la fe plena y crédito del Banco Nacional de India», no suena tan bien. La gente recurrió en masa a bitcoin.

Del mismo modo, no fueron los blogueros quienes desafiaron la verdad de las noticias que crearon esta dicotomía de noticias falsas; no fue la mejor recopilación de noticias lo que socavó los periódicos. Fue el proceso de socavar sus ingresos publicitarios, cortándoles sus pies, cortándoles sus rodillas y luego obligándolos a ajustar su recopilación de noticias al nuevo nivel de ingresos que tenían.

¿Qué sucede cuando Bitcoin hace eso a los bancos? Porque cuando dicen: «Cierren todas las puertas y guarden todo el dinero», hay una puerta que no pueden cerrar: esa es bitcoin. El dinero se sigue fugando. Entonces, ponen al ministro en la televisión y dicen que todo va a estar bien: «El yuan ya no se devaluará más. La fe plena y crédito del Banco Popular de China respaldan la moneda». Luego, un mes después, se devaluó otro medio por ciento. Eso ha sucedido muchas veces en el último año. En algún momento, la gente se dice a sí misma: *Esa declaración ya no cuenta más. Me llevo mi dinero a otra parte.* Algunas personas lo hacen. Miles de millones de dólares en yuan se han cambiado por bitcoin.

Bitcoin no ofrece una mejor manera para que las personas compren cosas, inviertan en compañías, realicen transacciones entre ellas; el daño es mucho más insidioso. Bitcoin está socavando la fuente misma de ingresos, valor y estabilidad de una moneda nacional al eliminar «la fe plena y el crédito» de las personas y colocarla en una moneda alternativa. La gente está tomando sus ahorros y, en lugar de ponerlos en una cuenta de depósito donde se convierte en la base para préstamos de reserva fraccionaria, están absorbiendo la liquidez de la economía, y eso es lo peor que puedes hacerle a una economía como esa.

El «¡Dinero Falso!» La Histeria

Entonces, ¿Qué hacen? ¿Qué pueden hacer ahora? Arrastran al ministro de finanzas en la televisión para decir: «Queridos ciudadanos: traficantes de drogas, terroristas, pornógrafos, delincuentes y, lo que es más importante, esas personas realmente desagradables que viven en el país vecino— ellos están socavando a nuestra nación a través de esta moneda falsa, bitcoin, ¡el dinero falso! ¡Están en una conspiración criminal para afectar nuestra economía! No confíes en él. No inviertas tu dinero en este bitcoin. Es dinero falso. ¡No está respaldado por nada!» «¡Dinero falso! ¡Dinero falso! ¡Dinero falso!» lloran, gritan y protestan.

¿Creen que eso no está sucediendo? Está sucediendo ahora mismo. Observa, o traduzca si lo desea, lo que los venezolanos dijeron de bitcoin hace solo unos meses. «¡Dinero falso!» De hecho, dijeron: «¡Son los colombianos los que lo hacen!» Siempre son los raros del otro lado quienes hablan con acento gracioso y prefieren tacos suaves en lugar de tacos duros. ¡Abominación! Y así comienza el llanto, lentamente al principio: «¡Dinero falso, dinero falso, dinero falso!» Bitcoin se considera dinero falso en algunos lugares del mundo. ¿Dónde crees que se considera dinero falso? Aquí no. Nadie de aquí dice bitcoin es «dinero falso». Ciertamente, ningún funcionario haría eso; preferirían que permaneciera en la oscuridad. Pero en Venezuela, bitcoin es «dinero falso». En Zimbabue, bitcoin es «dinero falso». En China, han intentado la narrativa del «dinero falso» varias veces; no ha resultado muy bien con el público.

Cuando tengas Duda, Pregúntale al Mercado

En ausencia de autoridad institucional, no hay bases para evaluar si el dinero es verdadero o no. ¿O si está ahí? ¿Qué es dinero falso y dinero verdadero? ¿Quién sabe? ¿Nos encontramos en el mismo enigma otra vez? ¿Estamos otra vez en la misma situación, donde ya no podemos notar la diferencia? ¿Es esto como una noticia falsa? ¿Todos tenemos que descubrir la verdad por nosotros mismos? No, porque el dinero tiene mercados y los mercados descubren la verdad. Eso es lo que los mercados hacen.

Si deseas saber si bitcoin es dinero falso, o si el bolívar es dinero falso, tiene una prueba fácil. Lleva bitcoin y el bolívar a alguien en la calle y pregunta: «¿Cuánto me darán por cada uno de estos?» **Si el tipo de cambio oficial del bolívar es cinco veces menor que el tipo de cambio no oficial, y si el tipo de cambio oficial para bitcoin tiene una prima del 20 por ciento, el mercado te dice exactamente cuál es falso.**

El mercado descubre la verdad. No importa cuántos pronunciamientos, controles de divisas, prohibiciones bancarias, feriados bancarios e incidentes de desmonetización intenten. No importa cuán grande intenten hacer esa muralla o cuán fuerte intenten hacer esa presa, con un pinchazo el agua comienza a fluir, y una vez que tiene un poco de flujo, ese agujero se hace más grande y no hay forma de detenerlo. La verdad saldrá a la luz. La verdad será evaluada por el mercado. Pueden llamar a bitcoin «dinero falso» y el mercado dirá: «Bueno, prefiero tomar ese dinero falso que tu dinero falso».

Valoración del Mercado de Bitcoin

El 8 de noviembre en la India, el precio de bitcoin subió y mantuvo una prima del 22 por ciento frente a la rupia en comparación a las otras monedas del mundo. Cuando fui a la India me preguntaron: «¿Por qué bitcoin es tan caro aquí? ¿Las casas de cambio sacan unas ganancias obscenas?» No, no lo hacen. No se les permite hacer arbitraje. Las personas están haciendo el arbitraje.

Expliqué que no es bitcoin lo que es caro. Ahorita voy con dólares estadounidenses y compro bitcoin, el precio que me darán es exactamente el mismo precio que puedo obtener en San Francisco. El precio de bitcoin es exactamente el mismo. Pero si les doy rupias, querrán un 22 por ciento más de rupias. No es el precio de bitcoin lo que subió, es el descuento en rupias que subió. El precio de la rupia bajó en un 22 por ciento. Bitcoin se puede mover a través de las fronteras para resolver la diferencia de arbitraje, pero no puedes mover las rupias, es todo lo que se tiene. El hecho de que no puedas moverlas impone un descuento inmediato del 22 por ciento; ese dinero vale un 22 por ciento menos porque no es portable. *Portabilidad* es una de las tres características de una divisa. Acabas de perder a una de ellas. En realidad dos, porque acabas de desmonetizar la mayor parte. Las rupias se negocian con un descuento frente a bitcoin; bitcoin es el precio estable. El mercado te dice: «Esto es más dinero real que esa cosa». El mercado descubre la verdad y nos dice.

Estás preparado, porque vamos a comenzar a escuchar esto una y otra vez a medida que las economías colapsen, a medida que las monedas sufran una crisis. Está sucediendo incluso en países desarrollados, como la Unión Europea. Podría suceder aquí en los Estados Unidos, ¿quién sabe? Los mercados están tratando de corregir la situación. Van a crear un flujo de dinero que se destinará a bitcoin. **La gente comenzará a eliminar la fe plena y crédito del sistema, poniéndolo en activos de refugio seguro: oro, plata, bitcoin, etc.**

Tan pronto como eso suceda, comenzarás a ver los artículos en los medios de comunicación, las «noticias falsas» que te informan sobre el «dinero falso». Tal vez no puedas distinguir entre lo que son «noticias falsas» y lo que no son «noticias falsas», pero *siempre* se puede ver la diferencia entre lo que es dinero real y lo que es dinero falso. La forma más fácil de averiguarlo es salir a la calle y preguntarle al mercado. El mercado te dirá la verdad.

Gracias.

Inmutabilidad y Prueba de Trabajo

im·mu·ta·ble

/ɪˈmjuːtəb(ə)l/

adjective

1. tamper-proof, something that does not change and cannot be changed. *Contemporary Example*: Bitcoin's proof-of-work is a planetary scale,thermodynamically guaranteed, self-evident system of immutability.

Silicon Valley Bitcoin Meetup: Sunnyvale, California; Septiembre 2016

Enlace de video: https://aantonop.io/inmutabilidadypruebadetrabajo

La Escala de Inmutabilidad

El tema de la charla de hoy es la prueba de trabajo y el monumento de la inmutabilidad. Específicamente, hablaremos sobre la inmutabilidad y lo que eso significa en esta nueva era de monedas digitales, lo que significa tener un sistema digital que no cambie.

La inmutabilidad es un concepto complicado —en primer lugar, porque realmente no existe. Todo cambia; no hay nada en la naturaleza que sea siempre inmutable. El universo mismo —el vacío, las partículas— todo cambia. Nada es inmutable, por lo que la inmutabilidad es más una idea filosófica, pero pensamos en términos prácticos. ¿Qué queremos decir cuando decimos «inmutable» en términos prácticos? Me gusta pensar en una escala lineal. En un extremo, tienes algo que es muy fácil de cambiar, y las cosas se vuelven cada vez más difíciles de cambiar, hasta llegar a lo que es más difícil de cambiar, lo más inmutable; La inmutabilidad es ese lado de la escala. Entonces, para fines prácticos, definiremos la *inmutabilidad* en cualquier sentido como el máximo o el punto final de esa escala.

El 3 de enero de 2009, la escala se expandió significativamente, el punto final cambió. Se definió un nuevo máximo, un nuevo máximo en términos de lo que significa ser inmutable para un sistema digital. **Nada es tan inmutable como Bitcoin; Bitcoin define el final de esa escala en este momento, por lo que redefine el término inmutable.** Eso tiene algunas implicaciones interesantes, incluido el hecho de que no se les puede nombrar a las cosas a la izquierda de ese extremo «inmutable». No se les puede nombrar «casi inmutable», no se les puede nombrar «algo inmutable». «Casi inmutable» es como casi embarazada; solo tiene sentido como el valor máximo, no el máximo menos uno. *Inmutable*, una vez que se redefine, evitas que todo lo demás se llame «inmutable».

La Blockchain y Prueba de Trabajo

¿Por qué es inmutable Bitcoin? ¿Qué le da a Bitcoin las características de inmutabilidad? ¿Qué es lo que lo hace inmutable? La primera respuesta que viene se les ocurre a la mayoría de las personas es «la blockchain». La blockchain hace que Bitcoin sea inmutable porque cada bloque depende de su predecesor, creando una cadena irrompible de vuelta al bloque de génesis, y si cambia algo, se notará. Por lo tanto, es invariable.

Esa es la respuesta incorrecta, porque no es realmente «la blockchain» lo que le da a Bitcoin su inmutabilidad. Es un matiz muy importante de entender. La blockchain se asegura de que no se pueda cambiar algo *sin que nadie lo note*. En seguridad lo llamamos «evidencia de manipulación (tamper-evident, su nombre en inglés)»: si se cambia, es evidente. No se puede manipular sin dejar evidencia de ello. Pero hay un estándar más alto en seguridad. Lo llamamos «a-prueba de manipulación (tamper-proof, su nombre en inglés)»: algo que no puede ser manipulado. No solo «será visible si es manipulado», sino que «no puede ser manipulado». Inmutable.

La característica que le da a Bitcoin su capacidad a prueba de manipulación no es «la blockchain»; es la prueba de trabajo. La prueba de trabajo es lo que hace que Bitcoin sea fundamentalmente inmutable. Es un concepto realmente importante de entender, porque mucha gente menciona la palabra «blockchain» y afirman que sus blockchains alternativas son inmutables a pesar de que no tienen un algoritmo de consenso de prueba de trabajo, o cualquier tipo de algoritmo de consenso que les de inmutabilidad. En el mejor de los casos, son a evidencia de manipulación, lo que significa que alguien lo notará; pero no son inmutables.

Esta distinción será históricamente importante.

Puedes pensar que «históricamente importante» es una frase con bastante peso. ¿Por qué va a ser «históricamente importante»? Porque si Bitcoin continúa funcionando de la forma en que lo está haciendo hoy, estamos introduciendo un nuevo concepto, que es una forma de historia digital que es para siempre. Si esa historia dura 10 años, eso es impresionante; si dura 100 años, eso es asombroso; Si dura 1000 años, se convierte en un monumento duradero —un edificio— de inmutabilidad. Un sistema de historia eterna e inquebrantable que es verdaderamente un monumento de nuestra civilización. Tenemos que considerar la posibilidad de que eso suceda.

La Historia de la Prueba de Trabajo

Explayamos un poco la conversación y hablemos sobre la prueba de trabajo. Satoshi Nakamoto no inventó la prueba de trabajo. Se puede ver evidencia de sistemas de prueba de trabajo en toda la civilización humana. Hay una gran prueba de trabajo puntiaguda en El Cairo: las pirámides. Hay una gran prueba de trabajo en piedra en París: la Catedral de Notre Dame. De hecho, la prueba de trabajo es algo que nuestra civilización realiza con bastante frecuencia.

Pensémoslo por un momento. Las pirámides sirvieron para algunos propósitos: uno como artefacto religioso; otro como una tumba para el rey. El propósito aún más interesante es una declaración para cada civilización y cada ser humano que lo vea: «He aquí, esta es la medida de la civilización egipcia. Esto es lo que podemos construir. Esta es una prueba de trabajo. No se puede construir esto en una civilización que no tenga recursos abundantes. No se puede construir esto a menos que se pueda ayudar a 20 000 personas a no hacer nada *más* que esto. No se puede construir esto a menos que puedan protegerlo con soldados, a menos que se comprometan los recursos durante décadas o siglos. Esto no se puede construir a un bajo costo».

Las pirámides se erigen hoy como un testimonio de prueba de trabajo para la civilización egipcia. Sin siquiera comprender qué es una pirámide, cualquiera que cruce el desierto, en un camello, que suba a una colina y vea un monumento de piedra que está a unos pocos cientos de metros en el aire, lo mira y exclama: «¡Guau!» «Guau» es una expresión de creer en la prueba de trabajo, porque se entiende de manera inmediata e intuitiva algo grandioso lo construyó y no hay una forma barata de hacerlo.

La Catedral de Notre Dame ilustra lo mismo, reuniendo a miles de albañiles durante cientos de años para construir un monumento a la Iglesia, un monumento de la religión eso hizo que la gente se paralizara tanto que muchos creyeron que era de origen divino y no humano. El monumento en sí dice: «He aquí la Iglesia y lo que podemos hacer». Ese tipo de gasto abierto de recursos para puntualizar algo —eso es prueba de trabajo.

Lo hemos visto una y otra vez en la civilización, pero hasta ahora solo lo hemos visto en entornos locales de un país, organización o civilización en específico. **Bitcoin es el primer monumento digital de prueba de trabajo a escala planetaria.** Para los que vengan después, podremos decir: «He aquí este monumento de inmutabilidad construido durante décadas. Maravíllate por su función y su elegancia». Porque tiene función; cumple un propósito práctico, y ese propósito práctico es convertirse en un registro de la historia para siempre —convertirse en la fuente definitiva y autorizada que no puede modificarse, el registro de la verdad que no puede mentir. Una vez que una transacción es incrustada en la blockchain de Bitcoin y asegurada con prueba de trabajo, se vuelve sumamente difícil de cambiar.

El Propósito de la Minería Es Seguridad

¿Qué significa cambiar la blockchain de Bitcoin? Esto es algo que mucha gente realmente no entiende. A menudo me preguntan: «Andreas, ¿qué pasa si el 51 por ciento de los mineros deciden cambiarla? ¿Qué pasa si hay un ataque de consenso? ¿Qué pasa si un gobierno bien financiado invierte mucho en equipo de hashing para retractar y cambiar la blockchain?» Estas preguntas parecen similares, pero en realidad son muy diferentes, así que veamos algunos detalles técnicos para ayudarnos a comprender mejor.

Es importante destacar que existe una gran diferencia entre cambiar el pasado y cambiar el futuro. El algoritmo de consenso, tal como está, determina el futuro de la blockchain. Si tienes la mayoría del poder de hashing de la blockchain de

Bitcoin, puedes decidir qué se registrará en el futuro, pero no puedes cambiar el pasado tan fácilmente. La razón por la que no puedes cambiar el pasado es porque cada nodo en la red aún validará cada bloque y exigirá prueba de trabajo. Ese bloque todavía tiene que llevar la prueba de trabajo y solo hay una forma en que se pueda generar ésta: se han de comprometer los recursos energéticos a un bloque en particular.

Cuando lees todos estos artículos en los medios acerca de cuán «derrochador» es Bitcoin, porque Bitcoin es creado al quemar energía, pierden de vista de lo que se trata. La minería no funciona para crear nuevos bitcoin. Ese no es el propósito de la minería; eso es un efecto secundario. La forma en que puedo demostrar que es un efecto secundario es que algún día no habrá nuevos bitcoin. ¿Pero adivina que? Todavía habrá minería. Incluso después de que sea minado el último satoshi (la unidad más pequeña de bitcoin), la minería continúa. Debe continuar porque su propósito no es crear bitcoin sino proporcionar seguridad, validar todas las transacciones y bloques de acuerdo con las reglas de consenso. La generación de bitcoin es un efecto secundario que actualmente sirve como un mecanismo de recompensa, creando incentivos de teoría de juegos para garantizar que la validación se realice correctamente. Una vez que comprendes eso y te das cuenta de que por lo que pagamos es seguridad, cambia la perspectiva ligeramente. Pero es mucho más profundo que eso.

Participando un Activo Extrínseco: Energía

Se han propuesto muchos algoritmos de consenso diferentes; prueba de participación (proof-of-stake, su nombre en inglés) es uno de ellos. Muchos de estos algoritmos usan el activo nativo para participar en el algoritmo de minería, dentro de el algoritmo de consenso, lo que significa que voy a comprometer *x* cantidad de mi moneda al validar el siguiente bloque. Si no lo validó correctamente, pierdo esa moneda; si lo validó correctamente, gano una pequeña comisión.

Aquí está la noticia: **la prueba-de-trabajo también es una prueba de participación, pero la prueba de participación no es también una prueba de trabajo.** Permítanme explicarlo un poco más, porque este es un punto realmente importante. Cada vez que un minero crea un bloque candidato, uno específico, inserta todas las transacciones en ese bloque después de validarlas cuidadosamente, y luego los hashes contra los cuales a través del algoritmo de minería de prueba de trabajo, se comprometen a ese bloque, al comprometer sus recursos.

Esencialmente, dicen: «Estoy participando $100 o $500 en valor de electricidad detrás del trabajo de seguridad que he realizado; si no lo he hecho bien, pierdo mi participación de electricidad». Entonces, la prueba de trabajo es una prueba de participación, porque lo que estás participando es la inversión en energía comprometida a un bloque específico que has validado correctamente. Para demostrar que lo has validado correctamente, estás acumulando una enorme cantidad de electricidad, la cual cuesta dinero.

Sin embargo, ten en cuenta que esto es diferente de los algoritmos de prueba de participación en otras monedas digitales. La diferencia aquí es con lo que participas no es un activo nativo, algo intrínseco a la cadena cuyo valor y futuro está determinado por la cadena. Con lo que participas aquí es algo extrínseco al sistema —se participa con energía, algo que tiene un valor universal en este planeta.

El valor de una moneda intrínseca mañana puede no ser nada, en dicho caso el valor de la participación que hiciste no es nada. Pero el valor de la electricidad hoy, mañana, en el futuro previsible, significa algo. Eso significa que cuando se participa con electricidad, estás participando con algo que tiene valor en todo nuestro planeta. La prueba de trabajo es mucho más profunda de lo que nos percatamos al principio.

Reescribiendo el Pasado: Ataques de Consenso Explicados

¿Qué pasa si los mineros deciden realizar un ataque del 51-por-ciento para reescribir el pasado? En lugar de comenzar desde el bloque actual y cambiar las reglas yendo hacia el futuro, ¿qué pasa si comienzan desde un bloque anterior y minan desde ahí en adelante? Si tienen el 51 por ciento del poder de hashing, a la larga alcanzarán el bloque actual en la cadena minoritaria y lo superarán. Ganarán la carrera. Finalmente. La pregunta es, ¿cuánto tiempo tienen que mantener el ataque para ganar?

Tomemos un escenario simple: digamos que queremos regresar y cambiar la historia de hace 3 semanas. Tres semanas no parecen mucho tiempo; en Bitcoin, es una eternidad. Todos los días, 500 megavatios de electricidad se utilizan continuamente para alimentar el proceso de minería (una cifra aproximada, podría ser más o menos). Quinientos megavatios en 24 horas son 12 gigavatios hora de electricidad utilizados por día. Doce gigavatios hora de electricidad durante 30 días son 360 gigavatios hora de electricidad. En 12 meses, eso es 4,3 teravatios hora de electricidad. En un año, 4,3 teravatios hora de electricidad es mucha electricidad, pero solo es mucha electricidad si se toma todo a la vez. Si lo toma diariamente en una base de 500 megavatios, es suficiente para mantener segura la red de Bitcoin. Pero este es el asunto: si intentas cambiar el pasado en Bitcoin, comienza a acumularse bastante rápido.

¿Cuánto tiempo llevará se tardará minar de nuevo los bloques de las últimas 3 semanas con el 51 por ciento del poder de hashing? Al 100 por ciento de la potencia de hashing, se lleva 3 semanas en minar 3000 bloques. Se puede pensar que con el 51 por ciento de la potencia de hashing, tomará 6 semanas minar 3000 bloques.

Sin embargo, en realidad tomará 5 semanas. Tomará 4 semanas minar los primeros 2000 bloques con aproximadamente la mitad del poder de hashing, pero una vez que se hayan minados 2016 bloques, la dificultad de la minería cambiará. Solo tomará una semana más minar los últimos 1000 bloques. Por lo tanto, terminará tomando aproximadamente 5 semanas en total para minar de nuevo 3 semanas de bloques con aproximadamente el 51 por ciento del poder de hashing.

Aquí está el problema: el otro lado no dejó de minar. Los mineros restantes en el lado del 49 por ciento han minado 3000 bloques adicionales, no están reescribiendo la historia, han continuado extendiendo la cadena original. Después de 5 semanas de esta batalla, el lado del 51 por ciento todavía está a 3000 bloques de distancia. Han reescrito el pasado y ahora están atrapados en el pasado, tratando de ponerse al día con una ventaja de solo el 2 por ciento.

Mientras tanto, los mineros que están en el lado del 51 por ciento no ganan nada. Presumiblemente, ya tenían el 51 por ciento del poder de hashing cuando estaban minando por primera vez, y ahora que están tratando de minar de nuevo las últimas 3 semanas de bloques, ellos ya han depositado las recompensas pero en la otra cadena que ellos ahora están tratando de invalidar. Por supuesto, obtendrán recompensas en la nueva cadena, pero solo si renuncian a las recompensas que depositaron en la otra cadena. Efectivamente, van a pasar semanas y semanas minando a 500 megavatios de forma gratuita.

Mientras tanto, ¿qué pasa en la otra cadena? Eres un minero del 49 por ciento y los primeros 2016 bloques van a ser lentos; solo encontrarás bloques aproximadamente cada 20 minutos. Pero tú participación de la capacidad minera se duplicó, lo que significa que tu rentabilidad se duplicó. Ganarás el doble de recompensa por la misma cantidad de minería. Si esa cadena aún tiene valor, estás ganando bastante dinero porque ahora tienes una mayor participación en el mercado. De hecho, cuantas más personas abandonen la cadena, más rentable será para la minoría. Todo lo que tienes que hacer es despegar el 2 por ciento; todo lo que tiene que hacer es persuadir al 2 por ciento de las personas que minan por nada para que vengan a minar en la cadena donde se está minando para obtener el doble de recompensas. ¿Qué tan difícil va a ser eso?

Mantener un ataque del 51-por-ciento durante semanas es sumamente dificil. Por supuesto, eso significa que probablemente solo lo haría si tuviera el 75-80 por ciento del poder de hashing. Ethereum comenzó con el 90 por ciento y en algún momento bajó al 70 por ciento en la cadena mayoritaria cuando hicieron su bifurcación (fork, su nombre en inglés) en 2016; Esa es una caída bastante grande.

Por favor tengan en cuenta que he estado hablando de cambiar solo *3 semanas* de historia. Pero Bitcoin tiene 7 años. ¿Qué pasa si deseas cambiar una transacción que fue el año pasado? ¿Hace un año y medio? Bueno, ahora las matemáticas están *realmente* en tu contra porque te llevará más de un año superar esa cadena, durante el cual debes mantener ese ataque y no perder a nadie de tu grupo. De lo contrario, nunca lo alcanzarás y ganarás aún menos dinero. Efectivamente, habrás participado con electricidad dos veces y, como máximo, solo será recompensado una vez.

Artefactos Infalsificables

La blockchain de Bitcoin es un monumento de inmutabilidad, construido bloque por bloque, y estos bloques ya están alcanzando el cielo —420 000 de ellos— que contienen una cantidad acumulativa de trabajo que es absolutamente asombrosa. No se puede cambiar ni falsificar, sin que la otra persona *sepa* que se ha cambiado, pero sin que tu realmente gastes la energía otra vez; No hay ningún atajo. Esa es la diferencia entre *evidencia-de-manipulación* (tamper-evident, por su nombre en inglés) y *a-prueba-de-manipulación* (tamper-proof, por su nombre en inglés).

Bitcoin no es simplemente un sistema de contabilidad; es el primer artefacto digital que proporciona una historia eterna, que proporciona una verdadera inmutabilidad digital. No hay otro sistema que proporcione inmutabilidad digital a ese nivel. **Es un sistema de inmutabilidad evidente por sí mismo, de escala planetaria, garantizado termodinámicamente.** *Escala planetaria*, porque para hacerlo necesitas presentar recursos que solo existen en un esfuerzo a escala planetaria. *Garantizado termodinámicamente*, porque se puede calcular la cantidad exacta de energía que se necesitó para crearlo y no hay un atajo. La teoría de la información nos dice que para voltear x número de bits, se necesita este número de julios, y no hay forma de hacerlo de otra manera. *Evidente por sí mismo*, porque el número que se produce como prueba de trabajo dice exactamente cuánto trabajo ha sido acumulado. Realmente es un monumento.

Mejor Que Escrito en Piedra: Inmutabilidad como un Servicio

No hay nada más en el planeta que produzca un registro digital que sea evidentemente por sí mismo inmutable a esta escala. Nada. Es la única plataforma en la que puedes incrustar datos que se garantizarán inmutables en unos pocos bloques. Mil bloques después de ingresar datos, no hay vuelta atrás; esos datos no van a cambiar. Tal vez si lo pones, y tiene solo tres bloques de antigüedad, podría cambiar. ¿Seis bloques de edad? Eh …¿Ciento cuarenta y cuatro? Esto se está poniendo difícil —y eso en un día. ¿Una semana de edad? ¿Un mes? ¿Un año? ¿Dos años? Hecho: es parte permanente de la historia.

Nuestros antepasados dijeron: «Esto es tan bueno como escrito en piedra». Nuestros nietos dirán: «Es tan bueno como escrito en la blockchain». Este es el nuevo estándar de inmutabilidad, y es accesible a nivel mundial. Cualquier aplicación puede aprovechar esa capacidad; otras monedas, otras cadenas, contratos inteligentes, todos pueden crear un punto de control en relación a la blockchain de Bitcoin. Mientras sigamos construyendo el monumento —su pequeña inscripción — como una pieza de grafiti grabada en las piedras de base de las pirámides, permanecerá allí, potencialmente durante siglos. Pueden importar la inmutabilidad por el bajo precio de la comisión de una transacción.

La inmutabilidad como un servicio es una aplicación sorprendente. Tiene enormes implicaciones para el software, para el Internet de las cosas, para la seguridad de la información, para otros sistemas monetarios, para los sistemas de registro (título, registros, registros de nacimiento, etc.). La historia se puede escribir en la blockchain y, mientras esté allí, no se puede cambiar y todos pueden validarla.

Eso no es un desperdicio de electricidad; esa es la primera aplicación práctica de la inmutabilidad digital. Es caro, pero es caro porque nos está dando algo valioso a escala planetaria. Solo necesitamos un libro de registros inmutable de prueba de trabajo; probablemente sea demasiado costoso construir dos. Pero eso solo significa que el efecto de red es aún más impresionante, porque ya tenemos uno y lo está haciendo bastante bien. Uno puede soportar todas las otras aplicaciones; las otras aplicaciones podrían hacerlo más ligero prueba de participación. Pero si las otras aplicaciones realmente quieren inmutabilidad —no evidencia-de-manipulación (tamper-evident), pero a-prueba-de-manipulación (tamper-proof)— necesitan obtener ese servicio de la blockchain de Bitcoin; necesitan anclar sus datos a la blockchain de Bitcoin.

No Hacemos 1984 en la Blockchain de Bitcoin

Si tu eres un consorcio bancario y estás firmando transacciones en una tecnología de registros distribuido (DLT, por sus siglas en inglés) turnándose, ¿cuál es el costo de inventar el pasado? ¿Cuál es el costo de escribir de nuevo la historia, diciendo: «WikiLeaks nunca recibió ninguna de sus donaciones porque revertimos todas esas transacciones»? ¿Cuál es el costo de eso? Termodinámicamente, nada. ¿En dinero en cadena? No importa, porque tú creaste el dinero en cadena y puedes crear más.

Mientras no exista una prueba de trabajo, el costo de reescribir un libro mayor como ese es cero. Si puedes, lo harás. Si puedes, serás obligado a hacerlo. Si puedes, cuando recibas un citatorio judicial, debes hacerlo. Estas blockchains no son inmutables; ¡son mutables como el infierno! Son blockchains volubles: pertenecen al lado opuesto de la escala. Son transitorias, sin sentido, sin el peso de historia respaldándolas; son lo que el último firmante dice que son. Este año: «Estamos en guerra con Oceanía». El año que viene: «Siempre hemos estado en guerra con Asia Oriental». La historia la escriben los vencedores. No en la blockchain de Bitcoin. No hacemos *1984* en la blockchain de Bitcoin.

Ahora la historia la escribe el gasto de energía del mundo verdadero, y no hay una forma barata de forjar esa historia.

Gracias.

Nota de Andreas para el lector: En esta charla intenté tontamente improvisar las cuentas mentalmente mientras daba la charla. No soy muy bueno en matemáticas. Resulta que soy aún peor para la improvisación de las matemática. Ninguna de mis malas cuentas cambia lo que trataba de enfatizar, pero ha sido editado para mayor precisión y para proteger mi ego. Shhh! No le digas a nadie que soy malo para improvisar matemáticas.

Promesas Duras, Promesas Blandas

YOUR MONEY* IS SAFE*, WE PROMISE*

* "Your money": is no longer your money,
it is an unsecured 0% interest loan to us
*S.A.F.E. (Subject to Appropriation Fofeiture
or Embrezzlement) without notice.
S.A.F.E. (TM) is a registered trademark of
BigBank Corp. and should not be interpreted
to imply the security or availability of funds.
* "promise": all promises valid unless subordinated
to terms and conditions, judicial supbocna, whim,
act of god, act of war, act of government, act of us,
except where void by statute, treaty, obligation, pirates, godzilla,
natural disaster or a mild summer breeze.

San Francisco Bitcoin Meetup: San Francisco, California; Septiembre 2016

Enlace de video: https://aantonop.io/promesasduraspromesasblandas

La Blockchain Editable Patentada

¿Están todos bastante entusiasmados con la tecnología de libro de registros distribuido (DLT, por sus siglas en inglés) y lo que puede hacer por la banca?

Accenture anunció hoy una patente que presentaron para la primera blockchain editable que puede ser modificada, resolviendo el problema fundamental de inmutabilidad que tenía Bitcoin. Con su contribución y la contribución de otras compañías como esa, uno por uno, podemos resolver los problemas fundamentales de Bitcoin, como la descentralización, el acceso abierto, la falta de una autoridad central o el riesgo de una contraparte, la inmutabilidad y en algún momento, supongo, el concepto de dinero sólido.

Se ha inventado algo nuevo, la blockchain editable. Me da mucho gusto que le hayan pagado a un consultor, probablemente un par de millones de dólares, para inventarla. Porque sabes que por un precio así tuvieron que ponerle un nombre realmente bueno, ¡porque «hoja de cálculo» ya se había usado!

Predictibilidad Fuera de la Sociedad Humana

A medida que más personas se unen a las comunidades de Bitcoin y de blockchain abierta, a menudo ven a Bitcoin; estos sistemas abiertos, sin fronteras, descentralizados, resistentes a la censura, y les son tan foráneos que no pueden comprender por qué son como son. Y en tanto, el primer instinto es «arreglarlos».

Uno de los temas más comunes que hemos estado escuchando últimamente es que el problema fundamental con las blockchains abiertas es que son inmutables, que las transacciones son irreversibles. Ese será el tema de la charla de hoy: promesas duras.

¿Por qué es esto un problema? Es porque no estamos acostumbrados a las promesas sólidas. Muy pocas cosas en la vida están garantizadas; los resultados no son predecibles. Hay un dicho oriental: «El sol, la luna y la verdad no estarán ocultos por mucho tiempo». Si piensas en las cosas que podemos esperar en un patrón predecible, tenemos que fijarnos afuera de la sociedad humana. Tenemos que fijarnos en las cosas que no se ven afectadas por las emociones humanas, las relaciones o los acuerdos. Tenemos que fijarnos en las matemáticas, la física, las estrellas. Esas cosas son predecibles, inalterables.

Bitcoin utiliza las matemáticas para introducir el concepto de resultados inalterables y predecibles en un sistema de pago. Esto es totalmente foráneo porque nunca antes se ha hecho en los sistemas financieros, y a menudo la reacción inicial a eso es, «Bueno, es fallido».

Nuevos Sistemas de Promesas Duras y Dinero Programable

Pero este sistema nuevo no es fallido; es solo que hay un malentendido fundamental sobre lo que es una transacción de bitcoin y lo que significa que una transacción sea irreversible. Si se piensa que una transacción de bitcoin es un pago, entonces el concepto de un pago irreversible parece un poco extraño, incluso aterrador. ¿Qué pasa si se comete un error? ¿A quién se apela? ¿Cómo se obtiene un reembolso? ¿Cuál es el proceso?

Pero una transacción de bitcoin no es un pago; una transacción de bitcoin es un programa, y no es el pago lo que es irreversible, el *programa* es lo irreversible.

Bitcoin te brinda la capacidad de tomar un programa y hacer que ese programa se ejecute exactamente como está escrito, garantizado con todos sus parámetros y eso es inalterable. Una vez que el remitente lo ha especificado, este programa se ejecutará exactamente como se tal, de manera predecible, e igualmente en todas partes. No puede ser apelado, revertido o censurado.

Si se escribe un programa para decir: «Le pago a John, a quien nunca he conocido en mi vida, por enviarme algo vía UPS», y luego John (que en realidad no se llama John) no lo envía, ese programa aún se ejecutará. Ahora se tiene algo bastante problemático, un pago irreversible. Pero no tienes que escribir el programa exactamente así. De hecho, entre los programas dentro de Bitcoin, se pueden implementar todo tipo de capas. **Lo que Bitcoin nos da es una promesa dura: el programa se ejecutará exactamente como se especifica.**

La belleza de los sistemas distribuidos es que, si se comienza con una base que ofrece una promesa dura, un sistema que restringe lo que sucederá, puedes suavizarlo. Puedes flexibilizar esa promesa. Se puede escribir una secuencia de comandos que diga: «Pagaré a John, en función de una transacción de firmas múltiples con un tercero y un reembolso automático en 30 días, a menos que la firma de UPS muestre que el paquete fue entregado y no se produjo ninguna disputa mientras tanto.» Ya no da tanto miedo.

El script del pago puede incluir toda la protección al consumidor que se desee, con algunas diferencias fundamentales. El remitente elige a la contraparte; no es seleccionado por ellos. El recurso se especifica de antemano y está garantizado como una promesa firme que nadie puede contravenir —ni John, ni ningún tercero, intermediario, ni ninguna autoridad que no formó parte en la transacción original.

Se acepta una promesa dura y, debido a que es dinero programable, se cambia para introducir exactamente la medida de protección al consumidor que las partes quieren. Se tiene control completo de los términos.

El Sistema Actual de Promesas Blandas

Si bien los sistemas distribuidos tienen restricciones firmes que se pueden cambiar, no se puede decir lo contrario. Un sistema que solo ofrece promesas blandas nunca puede cumplir una promesa dura. Si se tiene un sistema de pagos sujeto a evaluación, revisión, censura, autoridades, tribunales, otros —ese sistema nunca puede garantizar nada. Cada promesa que ofrece puede romperse; cada promesa puede ser revertida.

¿Cuántas personas aquí tienen dinero en el banco? Ninguno de ustedes tiene dinero en el banco. Todos ustedes han otorgado un préstamo sin garantía por una patética tasa de interés, a un banco que resguarda ese dinero como propio y lo utiliza para cobrarle intereses muy altos a otras personas. Tal vez, si va a un cajero automático o un cajero bancario, pueda recuperar una parte. A menos que se sea griego, argentino, chipriota, venezolano, ucraniano, brasileño ... La lista sigue y sigue a través de las décadas, porque esas promesas son blandas.

Se puede apelar a un sistema de tribunales donde el «el rigor de la ley» brindará justicia oportuna y eficiente a todos. Quizás en este país. ¿En cuántos países eso no es siquiera una consideración? ¿Cuál es la diferencia entre esos países y éste? Saben que el estado de derecho es un mito; saben que el dinero, la influencia, las conexiones, el poder político y, al final, la violencia puede anular el estado de derecho. Aquí, la diferencia es que **todavía creemos en la fantasía de que el estado de derecho imparte justicia a todos.** Pero los que más se benefician de eso tienen bastante claro en que incluso aquí, el dinero, la influencia, el poder político, las conexiones, pueden anular rápidamente el estado de derecho.

El jefe de Wells Fargo testificó hoy ante el Congreso. Durante el período de una década, todo el departamento de crédito al consumidor abrió préstamos crediticios sin el consentimiento de los consumidores. Se crearon claves y concedieron préstamos, perjudicaron puntuajes crediticios, hicieron cargos ficticios, todo para impulsar el resultado final. Con ese fraude el CEO logró ganar $200 millones en apreciación de capital.

Ha de complacer saber que ese CEO, en este momento, enfrenta la cárcel ... ¡No, por supuesto que no! Vamos, ¿dónde has estado? No, despidió a 5300 empleados de menor paga, $12 por hora. El jefe del departamento recibió una indemnización por cese de $125 millones y Wells Fargo recibió una multa de $185 millones, que ni siquiera es la ganancia que una persona, el CEO, obtuvo más durante este período de 10 años. Nada les va a pasar, y esto es en la industria más regulada y protegida, con supervisión y audiencias Congresistas, en el país más ejemplar de estado de derecho.

Promesas blandas, promesas vacías.

La Narrativa Falsa de Caos Sin Autoridad

Cuando veas que se quejan del hecho de que Bitcoin puede cumplir promesas duras, debes comenzar a pensar *¿A qué le temen?* **¿Qué es exactamente tan aterrador acerca de un sistema que registra en la blockchain de una manera que nadie puede modificar, que crea resultados inalterables y predecibles?**

Cuando se habla de eso, evocan estas imágenes de consumidores defraudados y caos. «*Après moi, le déluge*» («Después de mí, la inundación»), el rey Luis XV advirtió a sus súbditos si empezaban una revolución. Él era autoridad y en ausencia de autoridad, prevalecería la anarquía. Durante la Guerra Revolucionaria aquí, el Rey Jorge III advirtió a sus súbditos: «Soy el orden. Por otro lado, corsarios, asesinos y sinvergüenzas como George Washington te llevarán al caos»— lo que implica que, sin autoridad, la alternativa es el caos.

Esta narrativa ha afectado a muchos durante siglos. Esta narrativa supone que la condición humana se encuentra en una sola línea donde, hacia abajo y a la izquierda, hay cero orden, cero autoridad; a medida que se sube, la autoridad conduce al orden. Si se cree en esto, entonces la idea de un sistema que no tiene autoridad equivale automáticamente a resbalar al caos, el desorden.

Tengo noticias: no es una línea, es un plano cartesiano. **Lo opuesto de la autoridad es la autonomía.** Lo que demuestra la blockchain es un sistema que sustituye la autoridad con autonomía. Lo que nos da *no* es caos; lo que nos da es el orden *más alto*, que nunca hemos visto antes. Nos da resultados predecibles que no están sujetos al capricho de la autoridad.

Si estás en esa línea, no puedes ver que hay otras opciones, y vemos sociedades destruidas por esta mera falsa concesión, porque cuando el orden comienza a disminuir en una sociedad, la gente pide más autoridad. Sabemos dónde termina eso. Más autoridad y más autoridad; esa autoridad corrompe y finalmente mata. En Venezuela, hoy vemos el resultado final: máxima autoridad, colapso total del orden social. La línea se aplana, donde la autoridad es máxima y el orden es cero.

¿Y qué piden los líderes? Más autoridad.

Un Futuro con Sistemas Inalterables

Esta tecnología permite volver a imaginar el orden social, creando sistemas que en —lugar de la autoridad— utilizan la autonomía para impartir el orden. Pero es mejor que eso, porque esta forma de orden no tiene precedentes. Imagine que cada individuo tiene la capacidad, cuando crea una transacción, de especificar exactamente las condiciones bajo las cuales se ejecutará esa transacción y luego tiene completamente garantizado de que esas condiciones se cumplirán. ¿Qué valor tiene eso para los individuos? ¿Qué clase de mundo crea? Ciertamente crea un mundo en el que las personas que se aferran a la autoridad están aterrorizadas y, lo que es más importante, irrelevantes.

Pero ya se ha visto esto antes. ¿Qué otros sistemas crean resultados que no se pueden cambiar? Uno de mis ejemplos favoritos proviene de internet. Llevamos unos 10 o 15 años dándonos cuenta de que el Internet tiene una peculiaridad que no habíamos considerado; también crea un conjunto de resultados inalterables. Una vez que se publica algo en el Internet, no se puede eliminar. Somos la primera generación que vive con la realidad de que lo que sucede en el Internet permanece para siempre ahí. No se puede eliminar, no se puede censurar; cuanto más lo intentas, más se propaga.

Aquellos con autoridad no han recibido ésto a la ligera. Actualmente, en muchos países hay una lucha desesperada para garantizar que las cosas no se puedan publicar; esa es una pelea perdida porque no pueden.

Con el internet se vislumbra lo que significa tener un sistema inalterable. ¿A quién le ha afectado más? ¿Nos ha afectado a nosotros, que nos damos cuenta de esto y somos mucho más cuidadosos y flexibles con lo que publicamos? ¿O ha afectado a las personas con autoridad que no quieren sus secretos, mentiras, crímenes, revelados y publicados en un sistema que no se puede acallar? Internet nos vislumbra de lo que significa crear resultados inalterables. No tenemos idea de lo valiosa que es esta propiedad; creo que es extremadamente valiosa.

Entonces, ¿por qué, en este entorno, crearía un libro de registro mutable? Porque le hace sentir de nuevo la comodidad de la autoridad. Pero lo que también hace es incrementar la legitimidad, el poder y el control de cualquier jerarquía u organización que haya establecido para decidir qué se altera y qué no.

La blockchain de Bitcoin nos brinda un sistema centrado en la red donde no hay autoridad y los resultados son predecibles. Para reemplazar eso, se debe establecer un modelo muy tradicional de jerarquía de la sociedad industrializada y apelar a las posiciones de poder, donde puedan decidir qué se escribe y lo que es más importante qué es borrado. La historia está escrita por los vencedores. Esto se venderá a las personas como una forma de proteger su propia seguridad. Tu no eres lo suficientemente bueno, lo suficientemente inteligente, lo suficientemente sofisticado como para decidir qué programa deseas integrar en tus transacciones, para crear resultados inalterables. Necesitas protección.

Promesas Duras Fomentan La Autonomía

Ya tenemos un sistema que nos da transacciones reversibles; nos da un sistema de apelaciones, de recurso. ¿Las transacciones de quién se revierten? ¿Cuántas veces realiza una transacción, que saca dinero de su bolsillo y lo pone en el bolsillo de alguien que trabaja en una institución bancaria o posición de autoridad, se revierte? ¿Cuántas veces se revierte una transacción en la que intentas contribuir a una causa política o un partido político —o donar a WikiLeaks?

¿Cuántas veces se utiliza el mecanismo de recurso como mecanismo de control?

Ese es el resultado inevitable cuando se construye una jerarquía y deciden qué se escribe y qué se borra. Se escriben las cosas que les llenan los bolsillos y borran las cosas que los ofenden.

El sistema actual de recurso no protege a los consumidores; ni siquiera es un factor para la mayoría de los consumidores. Cuando Wells Fargo cobra a su cuenta $35 para abrir una tarjeta de crédito que nunca solicitó, se requieren 10 años y una consulta del Congreso y *tal vez* recupere sus $35. *Tal vez* arreglen su puntaje de crédito. Pero nadie irá a la cárcel.

Las promesas blandas fomentan la jerarquía. Las promesas duras fomentan la autonomía.**Lo que se ha construido con Bitcoin es un sistema de promesas duras que se pueden cambiar para brindar toda la flexibilidad que se necesite para crear protección al consumidor individual, en los términos que se especifiquen.** Eso es aterrador para aquellos que están en una posición de autoridad —y es muy emocionante para todos los demás.

Gracias.

Las Guerras de Divisas

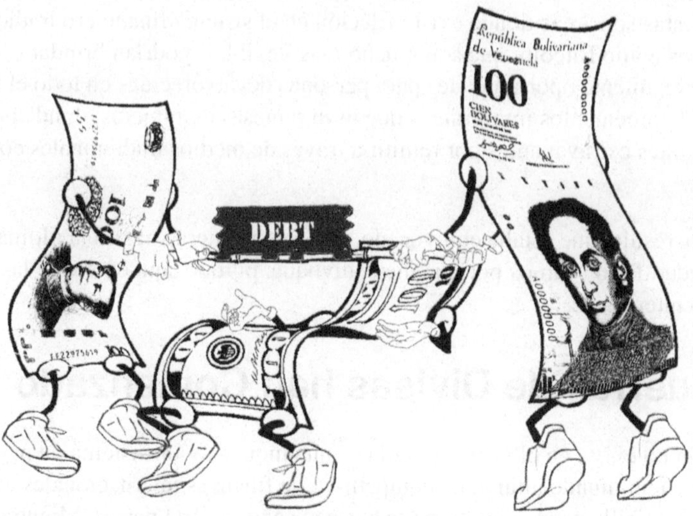

Coinscrum Minicon at Imperial College; Londres, Inglaterra; Diciembre 2016

Enlace de video: https://aantonop.io/laguerradedivisas

Remesas, No la Primera Aplicación de Bitcoin

Hoy voy a hablar sobre las guerras de divisas y la neutralidad de Bitcoin en esas guerras de divisas.

Probablemente me han escuchado decir que creo que algunas de las primeras aplicaciones que veríamos en bitcoin estarían relacionadas con remesas extranjeras y aplicaciones transfronterizas como importación / exportación y comercio. Debido a que estas son áreas donde existe fricción en el sistema financiero tradicional, los sistemas como Bitcoin, que son mucho más flexibles, podrían brindar oportunidades —especialmente oportunidades para personas desfavorecidas en todo el mundo. Específicamente, los inmigrantes que usan remesas extranjeras, donde pagan comisiones extravagantes por remitir a través de medios tradicionales como Western Union.

Bueno, resulta que estaba equivocado. No es la primera vez, no la última; volverá a suceder. Pero veamos por qué me equivoqué, porque aquí es donde las cosas se ponen interesantes.

La Guerras de Divisas han Comenzado

Bitcoin no existe en el vacío. Bitcoin es una moneda y un sistema de pago que existe en un mundo altamente competitivo de finanzas internacionales que representa billones de dólares en pagos cada año, en 194 países. Mientras estamos en nuestro pequeño rincón, diseñando excelentes aplicaciones para bitcoin, ha sucedido algo más que creo que cambiará la trayectoria de adopción de bitcoin. Vamos a ver algunos tiempos muy emocionantes en el futuro.

Lo que ha sucedido en los últimos dos años es que ahora estamos viendo una guerra de divisas global completamente desarrollada. Esta guerra comenzó, en pequeña escala, justo después de la crisis financiera en 2008 y se ha acelerado. Esta guerra de divisas va a cambiar la trayectoria de Bitcoin; algo que sucedió *externo* a Bitcoin va a cambiar la forma en que se desplegará Bitcoin.

Estas guerras de divisas tienen a miles de millones de personas como rehenes, usados como peones en un juego geopolítico. Voy a mencionar nombres de países y verán si notan algo en común: Grecia, Chipre, España, Venezuela, Argentina, Brasil, India, Turquía, Pakistán, Ucrania. ¿Qué tienen estos países en común? Gente maravillosa y buena comida, sí, pero cada uno de ellos también está actualmente involucrado en una guerra de divisas nacional o internacional. **Las personas en estos países son rehenes en estas guerras de divisas.**

La Guerra de India Contra el Efectivo

Si has estado prestando atención a las noticias recientemente, es posible que sepas que hace aproximadamente 5 semanas el gobierno indio anunció que las dos denominaciones más grandes de billetes, 500 rupias y 1000 rupias ya no serían de curso legal y cesarían de serlo en *4 horas*. Eliminando así el 86 por ciento del efectivo en circulación por valor, en un país donde *más del 95 por ciento de todas las transacciones ocurren en efectivo* y donde más del 40 por ciento de la población no tiene cuenta bancaria.

Se espera que el efecto inmediato sea una pérdida de alrededor del 2-4 por ciento del PIB del país, pero el efecto dominó ha sido devastador. Hemos visto industrias enteras en la India parar en seco, porque los empleadores no pueden pagar a los empleados, las personas no pueden comprar alimentos o atención médica, no pueden realizar transacciones. Ha sido un desastre rotundo a corto plazo y probablemente será un desastre continuo a largo plazo.

La Guerra Global Contra el Efectivo

No se equivoquen: este es un experimento con el 15 por ciento de la humanidad como sujetos experimentales. Si este experimento es exitoso —no en términos de cómo les va a estas personas sino si se logran los objetivos del gobierno— este experimento se repetirá. Se repetirá en muchos países al igual que el experimento de rescates financieros en Chipre se exportó a otros países. Estos experimentos se están acelerando.

Ahora hay una guerra global contra el efectivo. Hemos llegado a ese punto en la historia donde está al alcance, es parte de la visión, de los gobiernos mundiales, de una vez por todas, erradicar el efectivo. El efectivo —que es la última forma de dinero de igual a igual (P2P), transparente, privada que permite a las personas realizar transacciones locales dentro de una comunidad, ahora se está erradicando a favor de las transacciones digitales en plataformas que permiten la vigilancia, el control, la confiscación y tasas de interés negativas. Todas estas cosas llegan luego de que el efectivo ya no aparezca en el panorama. Ese es su sueño.

Espero que te unas a mí para arruinar ese sueño.

La Guerra Internacional de Divisas

Además de la guerra contra el efectivo, hay otra guerra de divisas que está ocurriendo ahorita —una guerra internacional de divisas. En esta guerra, es nación contra nación usando su dinero como bandera, su moneda nacional, como instrumento de guerra comercial para inclinar la balanza comercial y erosionar la deuda nacional en países que sufren enormes cargas de deuda lo cuales no tienen esperanza de alguna vez pagar.

Si tu eres un gobierno y tienes una deuda medida en miles de millones o billones de dólares, ¿Cómo puedes pagar esa deuda? ¿Aumentando el nivel de vida y la productividad hasta que puedas salir de ésta? O ¿confiscando los ahorros de los jubilados y la clase media, destruyendo una generación de trabajadores y haciéndoles pagar la deuda a través de un impuesto fantasma, inflación? Sabemos qué países están eligiendo, porque estamos viendo esto pasar una y otra vez.

Por supuesto, no es así como lo presentan. Ellos no dicen: «Nuestro plan para salir de la deuda es destruir a los pensionistas y a la clase media y crear un sistema de impuestos fantasmas y confiscación para rescatar a los bancos y rescatar la deuda del gobierno». Lo que dicen en cambio es: «¡Esto erradicará el dinero negro, acabará con la corrupción de forma permanente y ganaremos la guerra contra el crimen!» Y la mayoría de la gente dice: «¡Oye, eso suena como una gran idea! Hagámoslo».

La Política de Destrucción de la Riqueza

Esta falsa promesa casi siempre la presentan como nacionalismo popular. El gran flagelo del siglo XXI emergente es el resurgimiento del nacionalismo populista. El fascismo está aumentando. Así como los políticos se envuelven en la bandera, también crean estas asociaciones con su dinero bandera nacional, para envolver su dinero en el velo del nacionalismo, para envolver las políticas de destrucción de riqueza y confiscación bajo el velo de nacionalismo.

Si no estás de acuerdo con la idea de que los pensionistas deben pagar la deuda nacional y rescatar a los bancos, si no estás de acuerdo con la idea de que toda una generación de jóvenes debería encontrarse permanentemente desempleada o subempleada o trabajando en «McJobs», entonces son traidores al ideal nacionalista de resolver el crimen, el dinero negro y la corrupción. Ellos dirán: «¿Quizás tienes tu dinero sucio escondido? Eso debe ser lo que te motiva».

Ese es *exactamente* el tono de discusión que está ocurriendo en este momento en lugares como Turquía, donde el gobierno anunció que era deber de todos como ciudadano turco vender sus dólares y comprar liras y oro para apuntalar el orgullo nacionalista. Fue en la India donde se utilizó la misma razón para hacer que «todos sufrieran solo un poco». Recuerda que las personas que más sufren no tienen voz, son invisibles —especialmente en la India. La clase media que sufre, solo un poco, puede envolverse en la bandera, en estos ideales nacionalistas.

Bitcoin, el Refugio Seguro

En estas guerras de divisas, hay una fuerza que se mantiene neutral como refugio seguro, como una estrategia de salida. **Bitcoin ahora está colocado en el precipicio para convertirse en el activo de refugio seguro para miles de millones de personas en todo el mundo** quienes, por primera vez, tendrán la oportunidad de decir: «¿Sabes qué? Veo a dónde vas. adelante. Opto por salir».

Eso va a cambiar dramáticamente la trayectoria de Bitcoin; va a cambiar la tecnología y la economía de Bitcoin. La actitud de aquellos en el poder hacia Bitcoin va a cambiar. Las remesas extranjeras son algo que un gobierno puede respaldar. Los gobiernos pueden fácilmente decir «¡Sí! Facilitemos que nuestros inmigrantes pobres en el extranjero envíen dinero a este país, al mismo tiempo que competimos con los bancos, en la medida en que lo permitimos a través de la regulación». Pero esta nueva propuesta —que algunas personas van a conseguir optar para dejar de participar en estos absurdos experimentos nacionalistas y guerras de divisas— no se tomará a la ligera.

Bitcoin representará, en muchos de estos países, una afrenta directa a la soberanía. Cuando los soberanos vean un desafío directo a sus gobiernos, a sus decisiones —por arbitrarias, caprichosas y unilaterales como sus decisiones pueden ser, como indiferentes con el consentimiento de los gobernados ellos pueden ser—utilizarán toda su fuerza para luchar contra esa amenaza. Fracasarán, pero no será fácil.

Escapando de las Guerras de Divisas

Cuando estas cosas comienzan a suceder, el equilibrio entre las monedas cambia; ya empezamos a ver esto. Si desea comprar bitcoin en India hoy, prepárese para pagar más de $1000. La prima en bitcoin ha alcanzado un 22 por ciento más alto que el precio en cualquier otro mercado. No se puede arbitrar fácilmente porque no hay un flujo de bitcoin lo suficientemente grande en el país para contrarrestar la revuelta demente por las salidas que están sucediendo.

El yuan chino hasta ahora en 2016 se ha devaluado seis veces . Y cada vez que se devaluó el yuan chino, la capitalización de bitcoin aumentó aproximadamente mil millones de dólares, ya que millones de chinos optaron por salirse y lo hicieron.

Cada vez que esto sucede, se paga una prima. Pero estas son las buenas noticias: ¿Adivina quién gana esa prima? Aquellos que estén dispuestos a construir una señal de salida y una puerta, un pequeño camino enlodado que conduce hacia la salida de los absurdos experimentos nacionalistas, consiguen obtener una prima del 20 por ciento. Los intercambiadores, los comerciantes de LocalBitcoins, los comerciantes clandestinos que no están en línea, los que están dispuestos a correr el riesgo y enfrentar la ira del soberano, ganan una prima. Esa prima se destina directamente al financiamiento del desarrollo de infraestructura, liquidez, sigilo, descentralización, evasión y todas las otras cosas que podrían ser necesarias para permitir que la gente común y corriente logre dejar de la guerra de divisas.

Estos experimentos colocarán a los gobiernos directamente en oposición a Bitcoin, no por algo que hizo Bitcoin, sino por algo que los gobiernos mismos han hecho.

Jugar a Ser Dios

Cuando era niño, realmente disfrutaba los juegos de computadora. Uno de mis juegos de computadora favoritos era SimCity. Una de las cosas sobre SimCity que fue realmente genial fue que tenía un control total y unilateral de la economía; uno de los marcadores que podía modificar era el impuesto sobre la renta. Siempre fue tentador ajustar las tasas impositivas, especialmente si tu presupuesto no era bastante equilibrado o si las cosas no iban tan bien como uno quería en el juego. Si no podías construir tan rápido como querías, simplemente podías aumentar el impuesto sobre la renta del 5% al 6%, del 6% al 7%.

Hubo consecuencias, por supuesto. Una de las formas en que aprendiste sobre esas consecuencias fue cuando llegaste demasiado lejos. Si aumentabas los impuestos del 5 al 15 por ciento, al principio llenarías tus arcas cuando el impuesto sobre la renta comenzará a llegar. Luego, verías cómo tu población se desplomaba cuando todos salían de la ciudad. Ese tipo de juegos tienen un nombre: se llaman «juegos de dios», y la razón por la que son tan satisfactorios es porque te permiten jugar a ser dios de una población indefensa.

También había otras características interesantes: podías construir una ciudad entera y luego lanzar un tornado, un terremoto, un incendio masivo, un tsunami o incluso un ataque de Godzilla en tu ciudad. ¿Y adivina qué? Ninguno de esos ataques tuvo tanto éxito para acabar con una ciudad como aumentar el impuesto sobre la renta.

El Costo de la Guerra

Estas guerras de divisas son guerras contra las poblaciones. Son una forma de guerra civil del gobierno contra su propio pueblo. Destruyen generaciones. Se estima que ya en los primeros días en la India, personas murieron porque no podían acceder al dinero para tratamientos de salud, porque tuvieron que esperar en la fila —débiles, discapacitados, ancianos— durante 6 horas para retirar el equivalente de $30, si tuviesen tanto. Probablemente, más personas morirán en las próximas semanas a medida que se desarrolle este experimento. Y esto se repite. Decenas de miles de personas han muerto en Venezuela debido a guerras de divisas, a causa de la destrucción del sistema monetario.

Esto es lo que sucede cuando los gobiernos deciden que la forma de pelear una guerra comercial es utilizar el mismo combustible de la economía, de lo que dependen las personas para construir un futuro para sí mismas, como arma contra otro gobierno. Esa arma fracasa y mata a su propia gente.

La Mayor Forma de Terrorismo

Dirán que somos traidores de nuestra nación alentando a las personas a usar bitcoin. Te dirán que nosotros somos criminales, matones, traficantes de drogas y terroristas. ¿No me crees? Busque lo que el gobierno indio ha dicho en las últimas dos semanas sobre las personas que comercian con oro en el mercado negro: «terroristas», «delincuentes», «matones».

Solo soy un programador, solo soy un conversador; no soy un terrorista, no soy un matón. Pero si tengo la oportunidad de construir una salida del sistema, la aprovecharé —porque sé quiénes son los verdaderos terroristas. **No hay mayor forma de terrorismo que crear una guerra contra tu propio pueblo, al interrumpir deliberadamente el alma vital de una economía, cuando no hay crisis; creando un desastre natural de enormes proporciones simplemente para pelear una guerra de divisas contra otro país.**

¿Quién se beneficia al final? Los bancos. Son rescatados. Las hojas de balances en la India se disparan; los precios de sus acciones están a la alza. El gobierno: enormes aumentos en los ingresos. ¿Eso detiene la corrupción? No. Se ha alimentado una orgía absoluta de corrupción, al igual que una orgía de corrupción en Chipre, Grecia, Venezuela, Argentina y Ucrania.

Cuando el gobierno indio anunció que la moneda no tendría curso legal en 4 horas, también anunció que los bancos permanecerían cerrados durante dos días para evitar que las personas corrieran a los bancos. Cuando los bancos abrieron dos días después, milagrosamente, una porción significativa de las reservas de efectivo que tenían solo estaba en billetes malos. De alguna manera, algunas personas tuvieron acceso a estas bóvedas e intercambiaron su dinero —mientras los bancos estaban cerrados. Quién sabe cómo.

Ley de Gresham

Un principio fascinante en economía es la Ley de Gresham, que establece que el dinero malo expulsa el dinero bueno en una economía. En la universidad, estudié economía solo como un hobby, y realmente no entendía la Ley de Gresham; afortunadamente, nunca había visto la Ley de Gresham en acción. Hoy, estamos viendo la Ley de Gresham jugar exactamente como se predijo.

Cuando una persona india va a un cajero automático, cuando un venezolano logra obtener dinero, cuando un zimbabuense se apodera de dólares estadounidenses,

¿qué hace con ese dinero? ¿Lo gastan? Demonios no, no lo hacen. Lo entierran, lo ponen debajo del colchón, lo esconden, lo guardan, porque este es el dinero bueno e inmediatamente sale de la economía. solo soy un conversador Toman todos los billetes inservibles que tienen —cada billete de a $100 billones de Zimbabue, cada bolívar venezolano que no vale nada, llevado en carretillas que mejor cuentan por peso porque nadie tiene tiempo para contarlo, cada billete de a 500 rupias que ahora no tiene valor —y acuden a sus empleados y a sus dependientes, a sus trabajadores a domicilio y a la limpieza, a las personas que no tienen privilegios en la economía, y les dicen: «Este es el único dinero con el que les voy a pagar. Aquí hay 6 meses de salario por adelantado. Tómalo o estás despedido. Tu elección». Se deshacen del dinero malo dándoselo a las personas que luego tienen que ir y pasar 6 horas en la fila para intercambiarlo, para que el malvado funcionario de impuestos, la caricatura del empleado del gobierno les pregunté dónde obtuvieron este dinero.

¿Adivina lo que usan para pagar a los empleados del gobierno por sus sobornos? El mismo dinero malo. Entonces, el dinero malo es el único dinero que circula y el dinero bueno ha desaparecido por completo de la economía. Estamos viendo la Ley de Gresham en acción.

Construyendo el Camino de Salida

Cuando las personas obtienen bitcoin, van a *HODL*, que es un término coloquial de la comunidad Bitcoin que significa ahorrar bitcoin a largo plazo. Cuando obtengan bitcoin, lo enterrarán tan profundo para asegurarse de que tengan el dinero bueno ahorrado para sus hijos, para su futuro. Cambiarán el dinero malo por bitcoin, y hoy en día todo el dinero es dinero malo.

El efectivo está siendo erradicado en todo el mundo como un flagelo. Pero no pueden ganar ese juego, porque el efectivo ahora es algo que la gente puede crear —efectivo electrónico, efectivo auto soberano, efectivo verificable, efectivo digital, efectivo de igual a igual (P2P). Bitcoin

Recuerda, esto va a cambiar la trayectoria del despliegue de bitcoin en los próximos dos años. Va a estar en oposición directa a esta guerra de divisas y será financiado directamente por la guerra de divisas. Las guerras de divisas van a financiar inversiones en infraestructura y mejoras en Bitcoin, creando ese pequeño letrero de salida y el pequeño camino lleno de baches detrás de él.

En los próximos años, a medida que estas guerras de divisas se intensifiquen y se intensifiquen y se intensifiquen —como lo harán, como deben, si fracasan intentan nuevamente— vamos a ampliar ese camino lleno de baches hasta que finalmente ofrezcamos a cada economía una autopista Autobahn de ocho carriles de salida fuera de la guerra de divisas, para que todos puedan tomarla.

Al principio no estará disponible para todos. Solo serán los más ricos, los más educados, los privilegiados, los que tengan acceso a estas aplicaciones. Pero en algún lugar, van a llevar a otras personas consigo. Paulatinamente, ellos van a financiar la infraestructura que permitirá que más y más personas dejen estas economías.

Nosotros no Iniciamos el Fuego

Recuerda que a medida que esto suceda, seremos llamados criminales por ofrecer una salida. Entonces seremos llamados criminales por señalar la salida. Entonces seremos llamados delincuentes simplemente por señalar el hecho de que la economía está en llamas y que hay una salida.

En cada etapa de escalada en las guerras de divisas, cada acto que tu tomes en oposición al hecho observable de que toda la economía está en llamas, cada oportunidad que le des a las personas para dirigirse a la salida, tú serás tachado como un criminal. En poco tiempo, escribirán de nuevo la historia para decir que la razón por la que los bancos están fracasando y la economía está en llamas es porque tú proporcionaste una salida y porque existe Bitcoin. **Dirán que Bitcoin inició el fuego.**

En ese momento, recuerda el eslogan y repítelo: «Nosotros no somos delincuentes. Ofrecemos una salida a todos. Nosotros no iniciamos el fuego».

Gracias.

El Niño Burbuja y La Rata de Alcantarilla

DevCore Workshop at Draper University; San Mateo, California; Octubre 2015

Enlace de video: https://aantonop.io/ninoburbujaylaratadealcantarilla

Crianza Purell, Pasteles de Barro y Niños Burbuja

Hoy quiero hablar de seguridad. Si escuchas a los trols en Reddit, no sé nada sobre seguridad, así que decidí hablar sobre la crianza de los hijos —porque no tengo hijos. Si voy a hablar de cosas que no sé, bien podría comenzar por allí, ¿verdad?

La crianza de los hijos ha cambiado mucho en las últimas décadas. Cuando crecí, las cosas eran muy diferentes. Mi hermana acaba de tener un bebé. La estoy viendo como madre y conociendo a sus amigos, también padres. Como tío, me siento como un padre sustituto; es bastante extraño

Mi hermana y yo conversabamos cómo, cuando estábamos creciendo, los desinfectantes para manos como Purell no existían. Y cómo, según los estándares de hoy, es un milagro que hayamos sobrevivido. Aparentemente, hay bacteria en todas partes, y gran parte de la crianza de los hijos hoy día implica protegerlos de la bacteria con galones de Purell. Si observas a estos padres, tan pronto como su hijo toca un poco de tierra, inmediatamente, allí mismo los bañan con Purell, solo para asegurarse de que esté limpio.

Esa no es la experiencia que tuve; crecí en la década de 1970. Solíamos jugar en el jardín y rodabamos en el barro. Hacíamos pasteles de barro. ¿Enloquecerían nuestros padres? No. Nos comíamos los pasteles de barro. ¿Se asustarían nuestros padres? No, posiblemente porque no estaban cerca. Ellos decían: «Sal de la casa y vuelve cuando se ponga el sol». Las cosas han cambiado.

Estudios científicos recientes han descubierto un fenómeno preocupante: el índice de asma y de alergias están por las nubes. Resulta que, si crías a un niño en un medio ambiente estéril, no desarrollará un sistema inmunológico robusto. Ahora sabemos que la exposición a las bacterias, por ejemplo, el comer pasteles de barro en el jardín, es cómo los niños desarrollan un sistema inmunológico robusto.

Puedes llevar esto a un extremo o al otro. Por ejemplo, muchos niños en el mundo en desarrollo no tienen las reacciones alérgicas graves a los medicamentos comunes que tienen los niños en el mundo desarrollado. ¿Por qué? Porque tienen un sistema inmunológico *aún más* robusto al estar expuestos a agentes patógenos todo el tiempo desde el momento en que nacen, incluso antes de que nazcan. En el otro extremo, tienes el concepto de criar a un niño en una burbuja. ¿Recuerdas esa historia de Bubble Boy? Es una historia real trágica sobre un niño sin un sistema inmune. Existen estas tragedias médicas, donde los niños nacen con inmunidad débil o pierden su inmunidad por algún tipo de problema; entonces tienen que vivir en una burbuja para mantenerse con vida.

Se preguntarán: *¿De qué demonios está hablando este tipo? Pensé que esto sería una charla sobre seguridad y Bitcoin, pero aquí estamos hablando de Bubble Boy y de comer pasteles de barro.* Esto se relaciona, espera.

Blockchains Aisladas y Autorizadas

La razón por la que estoy hablando de esto es porque tiene algunas repercusiones realmente importantes en la seguridad. Verás, si creas un sistema que está aislado de las influencias externas, no es que no tenga errores —es que no conoces los errores que tiene el sistema. Si creas un sistema que está expuesto a ataques externos todo el tiempo, no es que tenga muchos errores— es solo que conoces los errores que tiene porque los sigues descubriendo. En el proceso, los arreglas; en el proceso, el sistema se fortalece.

Esto lleva a una conversación que quiero tener sobre un fenómeno interesante que está apareciendo actualmente en la industria: este concepto de blockchains aisladas y «libros de registros autorizados». Para mi, una blockchain aislada es Bubble Boy. Está construyendo un sistema completamente aislado del mundo, con la esperanza de que el aislamiento lo haga más seguro. Los bancos son como un padre helicóptero paranoico que quiere bañar a su hijo con Purell porque tocó un moco.

¿Adivina qué va a pasar con estos libros de registros depurados? Van a tener asma y alergias severas. Finalmente, en el peor de los casos, la burbuja estalla. En algún momento, se expondrán al mundo exterior, pero han estado aislados durante tanto tiempo que no han desarrollado inmunidad alguna. Cuando de repente se exponen a algo horrible y mortal, como una partícula de polen, mueren de forma horrible. Tienen una inmunidad tan baja que reaccionan pésimo a algo que un organismo adecuadamente estimulado y criado puede resistir con facilidad.

El Fracaso de la Seguridad por Aislamiento

Esta no es la primera vez que tenemos esta conversación. De hecho, nos percatamos de esto con el internet; aprendimos que la seguridad por aislamiento, seguridad por oscuridad, seguridad por control y perímetros, seguridad por tratar de aplastar la investigación de seguridad, fracasa. Fracasa rotundamente.

A principios de los 90, trabajaba como consultor de TI bancaria, y les explicaba por qué deberían adquirir servidores de correo y conectarse a «esta cosa del correo electrónico». Dijeron muchas de las mismas cosas que escucho ahora en Bitcoin, tales como: «Bueno, no conocemos a nadie que use el correo electrónico. Ninguno de los otros bancos usa el correo electrónico, entonces, en primer lugar ¿A quién le voy a enviar correo electrónico? En segundo lugar, el Internet no está controlado y eso es peligroso. En tercer lugar, nuestros banqueros podrían decir algo que no queremos que digan en el correo electrónico; ¿Cómo le agregamos un largo Acuerdo de Confidencialidad al pie? ¿Qué sucede si alguno de los nuestros puede comunicarse con alguien en cualquier momento? ¡Esa es una receta para el caos, la anarquía!» Por supuesto, no consideraban un poco de caos y anarquía como algo bueno; muchos de nosotros en este campo probablemente lo hagamos.

¿Qué hicieron los bancos y las grandes corporaciones con su primer intento de conectarse al internet? ¿Conectaron los sistemas TCP / IP (Protocolo de Control de Transmisión / Protocolo de Internet) directamente al Internet y crearon aplicaciones robustas que pudieran comunicarse a través de TCP / IP? No. Construyeron fosos y muros. Implementaron seguridad perimetral. Construyeron cortafuegos (firewall; por su nombre en inglés) y zonas desmilitarizadas. Utilizaron todas estas analogías militares para encerrarse.

Entonces, ¿Qué desplegaron detrás de estos muros? ¿Implementaron los protocolos, las capacidades y las aplicaciones comunes de código abierto del Internet? No. Implementaron equivalentes débiles altamente desnaturalizados como Outlook y FrontPage. Crearon sitios web de intranet con contenido caducado y obsoleto al que solo se podía acceder durante horas hábiles a través de una VPN (Red Privada Virtual) sin influencia externa. Dijeron: «¡Mira! Estamos creando el Internet. Somos tan vanguardistas y tan modernos». Así es como ellos «crearon Internet»; construyeron entornos muy aislados y, a menudo, los etiquetaron «Internet». Durante mucho tiempo, la idea predominante era que, al construir estos entornos aislados, eran más seguros —porque podían controlar las cosas a través del cortafuegos (firewall), podían controlar el acceso a los datos, la creación de estos y el acceso a los sistemas.

Ahora sabemos que fue una fantasía. No solo las empresas *no* pueden controlar estas cosas, sino que, en el proceso de construcción de estos sistemas aislados, crearon «Bubble Boy TI». Construyeron sistemas de TI que no tenían resiliencia ni inmunidad. Outlook y FrontPage tenían errores, pero no se les ponía a prueba muy a menudo en el salvaje Internet; la mayor parte del tiempo vivían detrás de las paredes. Finalmente, alguien se mete a la burbuja o lo que está dentro de la burbuja se sale de la burbuja

El problema con las burbujas es que no se puede intercambiar a través de ellas. Si se está en los negocios, el negocio *es* intercambiar, para participar en el comercio. Pero el comercio no puede ocurrir en una burbuja; el concepto mismo de burbuja es antitético al comercio. Claro, puedes construir un cortafuegos (firewall), pero cuando tu vendedor o ejecutivos estén de viaje, se conectan al Internet del hotel y contraen un montón de virus. Cuando vuelvan a la oficina, se conectan detrás del cortafuegos (firewall), y esos virus se propagan vorazmente infectando a todos dentro de la burbuja. Las burbujas no funcionan.

Hoy, toda una generación de empresas se ha dado cuenta de que, para ser ágiles y eficaz, no pueden ser refugios de pequeños reinos aislados HP / EMC / Cisco / Oracle / Microsoft que no se comunican con nadie más. En primer lugar, porque es costoso y no funciona. En segundo lugar, porque es increíblemente vulnerable; no tiene inmunidad.

Ahora vemos esta generación de startups ágiles y jóvenes que son verdaderas compañías de Internet. Sus productos, sus sistemas internos, sus colaboraciones —todo ello— está disponible, al descubierto, en Internet. Así esta en GitHub para que todo el mundo lo vea. Usan Gmail y colaboran con sistemas de correo electrónico externos en todo el mundo. Sus sistemas internos son externos. No existe algo interno en el mundo de Internet. Están creando aplicaciones robustas porque, desde el primer día, esas aplicaciones viven en la selva y son más seguras. Aprenden a vivir allí afuera en el grande y aterrador Internet. Esas compañías están prosperando y tienen sistemas que son mucho más seguros y mucho más robustos.

Bitcoin, la Rata de Alcantarilla

Probablemente piensen, *Bueno, si los libros de registros autorizados y las intranets cerradas son Bubble Boy, entonces el internet salvaje y Bitcoin son como un niño comiendo pasteles de barro. Un sistema que tiene inmunidad, algo que está expuesto a los patógenos.* Bueno, casi. Esa podría haber sido la analogía a la que quería ir, pero ya me conocen —Voy un poco más allá.

Bitcoin no es el niño que come pasteles de barro. Bitcoin es un enjambre de ratas de alcantarilla —cosas retorcidas a las que les faltan ojos, garras y colas, como las palomas que ves en la Plaza de Trafalgar saltando con el brazo muñón mutante. ¿Y qué comen? Comen aguas negras, comen tu basura, comen las cosas más virulentas del planeta. No hay nada en este mundo que tenga más fuerza en su sistema inmunológico que un rata o paloma de Nueva York. O incluso, Dios no lo quiera, una ardilla. Esas cosas son horribles.

Una rata de alcantarilla no va a tener alergias. No va a estornudar debido a un poco de polen. Esta cosa ya lleva tres variaciones de la plaga, y se encoge de hombros. Eso es exactamente lo que es Bitcoin. ¿Problemas como la maleabilidad de las transacciones? La rata evoluciona.

¿Ataques, como DDoS (Denegación de Servicio Distribuido) en el puerto abierto 8333? La rata dice «¡Ven a buscarme!» ¿Alguien lo está intentando? Demonios, sí, todos lo intentan durante seis años. Los mejores y los más brillantes, los más malos y los más maliciosos, arrojan todo lo que pueden a este enjambre deformado de ratas de alcantarilla —estos miles de nodos de Bitcoin que están escuchando y están expuestos a los caprichos del Internet salvaje. Y ellos sobreviven.

Blockchains Bubble-Boy

¿Qué crees que van a hacer los bancos? Van a construir blockchains Bubble-Boy. Van a construir libros de registros autorizados. ¿Crees que los libros de registros autorizados sufren de maleabilidad de transacciones? ¡Demonios sí, lo hacen! ¿Crees que las altcoins sufren de maleabilidad de transacciones? ¡Demonios sí, lo hacen! Simplemente no arreglan esas cosas, y tampoco lo harán los libros de registro autorizados. Ese es solo uno de los miles y miles de errores, debilidades, raras excepciones y casos extremos que vamos a encontrar mientras vivimos en la selva. Estamos construyendo un sistema increíblemente robusto que ahorita ya está tomando forma.

Más allá de la idea de que puede haber un sistema de consenso descentralizado, la idea de que ese sistema de consenso descentralizado en realidad pudiera sobrevivir durante seis años es algo ridículo. La única razón por la que los bancos han llegado al punto de pensar en los libros de registro autorizados es porque finalmente han llegado a la etapa de negociación —la tercera de las cinco etapas de duelo por la industria que están a punto de perder.

Las 5 Etapas de Duelo de los Bancos

Comienzan con la negación. La base de la negación es: «Esto no va a funcionar, va a desaparecer pronto». Y no sucede. Luego dicen: «Es dinero tonto y no tiene ningún valor». Hasta que lo tiene. «Nadie más va a jugar con eso». Excepto que ellos lo hagan. «Los inversores serios no invertirán en esto». Excepto que ellos lo hagan. Y todavía se niega a desaparecer. Pasan de la negación a la negociación. En algún punto intermedio, puede haber algo de ira. Habrá algo de depresión. Finalmente, llegarán a la aceptación, pero llevará mucho tiempo.

Si nos fijamos en el Internet, ahora llevamos quizás unos 25 años desde que realmente se comenzó a expandir su uso; hace 25 años y hay muchas compañías por ahí que piensan que mientras pongan su mierda HP / EMC / Cisco / Oracle / Microsoft detrás de un cortafuego (firewall) de red perimetral, todo va a estar bien. Todavía están construyendo Bubble Boys e intranets en Internet. No han aprendido esa lección después de 25 años y les tomará más tiempo en finanzas.

Descentralización, protocolos abiertos, código abierto, desarrollo colaborativo, vivir en la selva —estas no son solo características de Bitcoin; se trata de todo esto. Si tomas un libro de registros autorizado y dice: «Eso está bien, nos gusta la parte de la base de datos». ¿Me lo dan sin su característica de ser abierta, descentralizada, de igual ai gual (P2P), código-abierto, sin ser controlada y distribuida? «Bueno, acabas de tirar al bebé con el agua de la bañera. Nunca vas a construir una burbuja lo suficientemente fuerte como para asegurar la información financiera.

Pum La Burbuja se Revienta

Irónicamente, todo esto sucede al mismo tiempo, a medida que los bancos finalmente se conectan al Internet, filtran y lo hace por todos los orificios. Anonymous, WikiLeaks, personas con información privilegiada —todas esas cosas. Los bancos no tienen transacciones confidenciales; no tienen cifrado, no tienen privacidad, no tienen prueba de conocimiento cero (zero-knowledge). Tienen libros de registros completamente abiertos, y ¿Qué superponen encima de ellos? Conozca a su Cliente (KYC, por sus siglas en inglés) y Anti Lavado de Dinero (AML, por sus siglas en inglés). Adjuntan identidades a todo lo que están haciendo así que cuando esa base de datos se filtre, tenga un historial completamente repleto no solo de cada transacción, sino de cada participante en el sistema. Eso es lo que están construyendo: están construyendo panópticos de información financiera y está filtrando.

La verdad de los panópticos es que, cuando construyes un panóptico, alguien te devuelve la mirada. Cuando es Internet el que está devolviendo la mirada, son 4 mil millones de pares de ojos. No estoy tan preocupado por la filtración de mi información financiera de mi banco, porque tal vez un par de cientos de personas observan, pero cuando se filtran los números de teléfono y las llamadas de Angela Merkel, todo el mundo está observando. Hace tres días, se filtraron las presentaciones internas y los PowerPoint(s) del Departamento de Defensa de EE. UU., sobre su programa de asesinato con drones. ¿Construiste un panóptico? Cuatro mil millones de pares de ojos están observando.

La verdadera pregunta que deberíamos hacernos sobre los libros de registros autorizados es: ¿Realmente quieres poner KYC / AML en Bubble Boy? Si agregas toda esa información, y la base de datos se filtra 4, 5, 6, 10 años después, les dará a los historiadores de Anonymous y WikiLeaks un registro completo de cada transacción que se realizó. La caja negra de Lockheed Martin, el presupuesto negro de tu gobierno, los sobornos que pagó para deponer a un gobierno elegido democráticamente o para instalar un pozo petrolero en una selva tropical virgen. Toda esa mierda estará en WikiLeaks y en todo el Internet. Van a proporcionar los vastos metadatos de KYC (por sus siglas en inglés) que tan minuciosamente adjuntaron a todas las transacciones.

Mientras tanto, vamos a construir bitcoin con transacciones encriptadas, anónimas y privadas. Será mejor que reconsideres este Bubble Boy, este panóptico, porque

construir sistemas resilientes se trata de exponerlos a ataques continuos. Comer pasteles de barro es cómo se construyen sistemas resilientes.

No temo a los libros de registros autorizados —sistemas desnaturalizados, debilitados, centralizados y débiles detrás de las burbujas. Esos no van a escalar, no van a sobrevivir, no van a estar seguros, no van a proporcionar privacidad; pero sí van a ser contraproducentes.

¡Más burbujas!

Lo curioso es que se van a tardar mucho tiempo en aprender la lección, ya me lo imagino:

«Señor, teníamos todas las cosas de asesinato de drones detrás de un firewall, pero alguien penetró la burbuja».

«Muy bien, llama al General. Tráeme dos burbujas, ¡vamos a duplicar! Burbujas adentro de las burbujas».

«Señor, penetraron la doble-burbuja».

«¡Burbujas de titanio! Si le pagamos a Lockheed Martin $100 millones, ¿Tal vez puedan construirnos una doble burbuja de titanio para ocultar todos nuestros datos adentro?».

«Señor, Anonymous se tardó 30 segundos en penetrar y divulgar todos nuestros datos en el Internet».

«Hum, me pregunto si podemos construir más burbujas».

Construyendo el Enjambre de Seguridad

Piensan que tener tus datos en Internet, sin controlarlos de forma central, es debilidad. No es debilidad. Esa rata de alcantarilla no es débil. Es lo más fuerte que podemos construir, porque está constantemente bajo ataque. El meterla en una burbuja no la hace más fuerte; gradualmente lo desnaturaliza y lo debilita hasta que lo que queda es una pequeña rata de laboratorio pálida, inmunosuprimida, con ojos rojos que muere a la primera vez que se expone a una gripe.

Eso es la seguridad. **La seguridad es un proceso —un proceso de apertura y exposición. Es un proceso de adaptación continua a nuevos ataques, y en ese proceso, dinámicamente volviéndose más y más robusta, menos y menos frágil.**

Introducimos bitcoin a un mundo lleno de sistemas frágiles: bancos centrales, banca centralizada, sistemas monetarios que no pueden lograr el despegue de la economía.

En ese entorno, introducimos un sistema robusto, global y descentralizado. Es robusto hoy; no es perfecto, tiene errores, pero no los ocultamos —los anunciamos, los glorificamos, los discutimos, invitamos a la gente a atacarlos. Tomamos esa información y la fortalecemos cada día que pasa.

Por eso ganamos. Porque mientras ellos construyen Bubble Boy, nosotros estamos construyendo un enjambre de ratas de alcantarilla.

Gracias.

Una Nueva Especie de Dinero

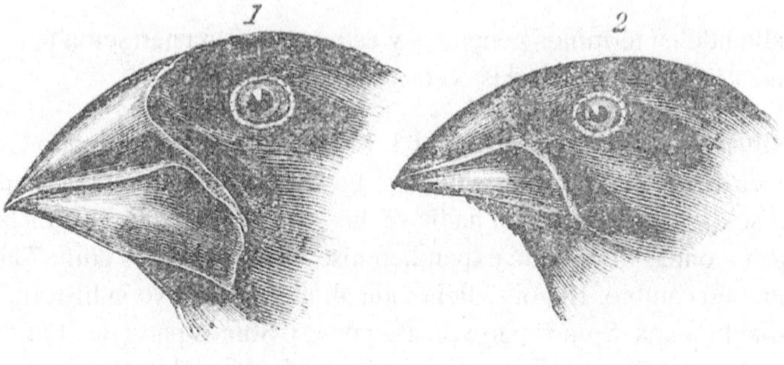

1. Geospiza magnirostris　　2. Geospiza fortis

3. Geospiza parvula　　4. Satoshi Nakamoto

Bitcoin Milano Meetup; Milán, Italia; Mayo 2016

Enlace de video: https://aantonop.io/unanuevaespeciededinero

Una Pequeña Onda Expansiva

Hoy voy a hablar sobre el dinero desde una perspectiva evolutiva. Este tema es algo en lo que he estado pensando durante bastante tiempo. Tengo un gran interés en el tema de la biología evolutiva, pero no soy biólogo. Probablemente no haya biólogos en la audiencia, lo cual es bueno porque diré cosas que probablemente les molestarán, porque me equivocaré.

Estoy hablando en términos generales y esto es más una narración para ayudar a comprender hacia dónde van las cosas.

Algo realmente importante sucedió el 3 de enero de 2009. El mundo cambió. Pero como muchos cambios fundamentales y significativos en el mundo, muy pocas personas se dieron cuenta. Casi nadie se dio cuenta. Ese cambio comenzó como una pequeña onda, y continuó expandiendose. Ahora estamos aquí, 7 años después, y ese pequeño cambio, Bitcoin, dicta radicalmente de nuevo la historia humana y la sociedad humana. Somos parte de algo único. Somos parte de algo realmente especial, algo que comenzó como una idea —e incluso el inventor de la idea no estaba seguro de que funcionaría. Y al principio, las personas que analizaron la idea, las que analizaron la teoría detrás de Bitcoin, tenían muchas cosas que decir sobre cómo no funcionaría.

En el Internet, algunas de las cosas más interesantes son cosas que no funcionan en teoría, pero *sí* funcionan en la práctica. Mi ejemplo favorito es Wikipedia. Si piensas en Wikipedia objetivamente, basándote en lo que sabes de la naturaleza humana, no debería funcionar. ¿Por qué alguien pasaría meses de su tiempo escribiendo un artículo sobre una simple tarjeta Pokémon de forma gratuita? Eso no tiene ningún sentido, y sin embargo la gente hace eso. Subestimamos la naturaleza humana a veces.

Bitcoin es así. En teoría, es difícil entender cómo funciona; en la práctica, ha engendrado una revolución. Ha creado algo muy nuevo.

Dinero Nuevo, Nicho Nuevo

La era anterior a Bitcoin se puede caracterizar por un período transitorio que comenzó a principios del siglo XX, con la introducción de la banca central. Por primera vez, el dinero se separó por completo de los productos básicos y pasó a ser gestionado a nivel nacional por los bancos centrales. Este era un modelo muy diferente al que teníamos antes, y continúa hasta nuestros días. Muchos de nosotros en Bitcoin creemos que, cuando veamos hacia atrás en unos cien años, veremos a la banca central como un experimento transitorio y no particularmente exitoso.

Bitcoin es diferente, no porque reemplace a la banca central, sino porque abre la puerta a una nueva forma de competencia —una nueva forma de competencia en la que cualquier persona puede crear dinero en el Internet, y ese dinero puede ser mundial, infalsificable, abierto y seguro al instante. Con ese nuevo sistema, no solo creamos una nueva forma de dinero, sino que también creamos un nuevo nicho ambiental para que el dinero compita.

En mi opinión, **con la invención del dinero en Internet, ahora estamos comenzando a ver los primeros modelos de la evolución del dinero centrado en la red, donde las diferentes formas de dinero compiten como especies.** Compiten encontrando un nicho ambiental y adaptándose a ese nicho a través de una simple competencia.

Esto nunca ha sucedido antes. La razón por la que nunca ha sucedido antes es porque el entorno era hostil para esa forma de dinero. Las fronteras, la geografía, los estados-nación limitaron la capacidad del dinero para extenderse y competir con otro dinero a nivel mundial. Lo que sucedió el 3 de enero de 2009 fue un evento muy significativo porque cambió fundamentalmente el entorno en el que compite el dinero.

Equilibrio Puntuado

El mejor ejemplo similar que puedo proporcionar es una referencia a un momento muy especial para la historia de este planeta, cuando los niveles de oxígeno en la atmósfera comenzaron a aumentar. Crearon la posibilidad de un metabolismo aeróbico, lo que significa que las especies ahora podrían metabolizarse con oxígeno. Antes de eso, todas las especies eran anaerobias: metabolizaban sin oxígeno, vivían en un ambiente libre de oxígeno. De hecho, para ellos el oxígeno es tóxico; el oxígeno es un oxidante, es veneno para un organismo anaerobio. Es como un ácido; los destruye.

¿Qué sucedió cuando el ambiente cambió para permitir el metabolismo aeróbico? De repente, se abrió un entorno completamente nuevo para que las especies compitieran, especies que no competían con las especies anteriores porque operaban en un nicho completamente diferente. Tenían una ventaja significativa, porque el metabolismo aeróbico es un orden de magnitud más eficiente. En un período de tiempo muy corto, el planeta cambió. Los organismos anaerobios fueron llevados a las grietas más profundas del mundo; todavía existen en el fondo de la Fosa de las Marianas, enterrados en los glaciares, dentro de los volcanes, en lugares donde no llega el oxígeno. Todavía existen, no han desaparecido, pero ahora es un planeta de organismos que respiran oxígeno. El mundo ha cambiado.

Una de las cosas interesantes de la evolución es que no funciona de forma lineal. Funciona a través de un proceso que se ha denominado «equilibrio puntuado». Las cosas tienen equilibrio durante mucho tiempo, y de repente hay una gran avalancha de evolución a medida que cambian muchas cosas. Cuando los ambientes se abren, las especies evolucionan muy rápidamente en un corto período de tiempo. Luego alcanzan el equilibrio nuevamente y persisten por miles, cientos de miles o millones de años. Luego, nuevamente, algo cambia: algún factor ambiental, algún estímulo externo, algún avance en la evolución; quizás las especies puedan crear ADN en lugar de ARN, oxígeno en la atmósfera o (para los dinosaurios) un meteorito u otro evento geológico.

El Meteorito del Dinero Antiguo

El 3 de enero de 2009, apareció un meteorito en el cielo de nuestra sociedad. Hasta ese momento, los bancos eran los reyes de este planeta. Como dinosaurios gigantes pesados, que dominaron por completo durante cientos de millones de años, con total indiferencia —incluso desprecio— por los pequeños mamíferos peludos que pisan habitualmente mientras andan por todo el planeta. Pero algo ha cambiado y muy pronto, esos mamíferos heredarán la tierra.

En este nuevo entorno, bitcoin no compite con los bancos, porque bitcoin se adapta a un nicho ambiental diferente. Bitcoin no es el dinero del espacio físico, es el dinero del Internet. Bitcoin no es el dinero del estado-nación; Es el dinero del mundo. **Bitcoin no es el dinero de la generación actual; es el dinero de las generaciones venideras.** No compite con la banca; para bitcoin, la banca y las fronteras y el dinero físico son irrelevantes. Al igual que para los mamíferos, los dinosaurios eran irrelevantes, y para las bacterias aeróbicas, las bacterias anaerobias son irrelevantes, a menos que sean adecuados como alimento.

Cuando observas este nicho ambiental, debes darte cuenta de que no se trata solo de una nueva especie de dinero, bitcoin, sino de una explosión en la ecología del dinero. El 3 de enero de 2009, había 194 monedas. Hoy, hay más de 3000 monedas; de ellas, todas menos 194 son dinero digital, descentralizado, del Internet. Son las nuevas especies que viven en el internet. La mayoría de ellas se extinguirán, la mayoría desaparecerán, pero la especie en su conjunto continuará evolucionando.

Cuando observas la evolución del dinero en este ambiente, debes darte cuenta de que hay muchos factores que afectan esta evolución. Uno de los factores somos nosotros, los seres humanos. Le damos vida a estas cosas. Esta evolución no es evolución por mutación aleatoria; es evolución dirigida por diseñadores. En esta sala, hay personas que están dirigiendo la evolución de estas nuevas monedas Al hacerlo, están respondiendo a los estímulos ambientales: oferta, demanda, las necesidades de los clientes, las aplicaciones en las que piensan, mercados sin explotar y oportunidades en las que las monedas tradicionales no pueden encajar. Dirigen la evolución de estas monedas para aprovechar estos nuevos nichos.

Pero también hay un ambiente más amplio, porque al mismo tiempo que estas nuevas monedas están evolucionando, las antiguas monedas están en crisis. Ahora nos enfrentamos a una crisis monetaria sin precedentes en todo el mundo que está afectando a cientos de monedas y cientos de países. Afecta a todos los bancos centrales. Estamos en un entorno que no ha existido durante los últimos doscientos años.

Cuando estaba creciendo y estudié algo de macroeconomía básica, la ortodoxa económica decía que lo más bajo que se puede alcanzar con las tasas de interés es cero, y nunca se llega allí, nunca se llega al cero completo. Y, sin embargo, ahora 20 diferentes bancos centrales están a cero; no solo temporalmente, algunos por 8 años, algunos por más tiempo. Creo que el banco japonés es el más largo en cero. Algunos de ellos también ya son negativos. Nunca lleguen completamente negativo. Hasta hace un par de años, eso era inconcevible.

Sirviendo a la Mayoría

Bitcoin no va a destruir los bancos centrales. A Bitcoin no le importa un bledo los bancos centrales. Los bancos centrales están haciendo un buen trabajo destruyéndose a sí mismos. Vivimos en un mundo donde miles de millones de personas no tienen acceso a las finanzas, no tienen acceso a la banca, no tienen acceso a los instrumentos financieros tradicionales. Operan completamente en efectivo, en una moneda única, aisladas del resto del mundo. Ese es un entorno en el que bitcoin puede prosperar.

No vamos tras el nicho de la banca tradicional porque hay un nicho ambiental más grande. La economía «gris» abarca más del 60 por ciento de la economía mundial. **Los no bancarizados, desbancarizados y subbancarizados son la mayoría. Los privados de sus derechos, sin poder son la mayoría. Ese es el nicho que bitcoin está aprovechando.**

Continuaremos atendiendo las necesidades de las personas que no están siendo atendidas hoy; algunos de nosotros porque es una cuestión de principios o ideología, algunos simplemente porque es una cuestión de oferta y demanda, y es lo más prudente, sensato y rentable de hacer.

Resistencia Evolucionando

En esta evolución de las monedas, vamos a ver estímulos externos. Una de las cosas más importantes que hay que tener en cuenta es que estas nuevas monedas *serán* atacadas y *están* siendo atacadas; con información errónea, propaganda, y en algunos países con ataques directos, con ataques judiciales y extra-judiciales. Estas nuevas monedas eliminan el poder de las personas y organizaciones que están acostumbradas al poder. Por lo tanto, representan una amenaza.

¿Para quién representan una amenaza? Realmente, **la pregunta que debe hacerse es: ¿qué tipo de gobierno y qué tipo de organización se ve amenazada por la idea de que las personas tengan control financiero independiente y empoderamiento sobre su propio dinero?** Un gobierno que está amenazado por los conceptos fundamentales del Renacimiento, de la Ilustración, la libertad de asociación, la libertad de expresión, la libertad de discurso, la libertad de comercio. Un gobierno ofendido por la libertad no es un gobierno al que quiero apoyar.

Podría decirse que la mayoría de los gobiernos en Occidente hoy en día no son hostiles a bitcoin. Tienen curiosidad, no lo entienden. Quieren ver cómo puede embonar en el orden establecido. Quieren domesticarlo, controlarlo, cooptarlo. En otros países, donde representa una amenaza más grave porque representa la libertad, bitcoin es ilegal con sanciones muy graves.

Un aspecto importante de un sistema evolutivo es que no se permanece quieto. Si introduces un depredador en el ambiente, el sistema evoluciona para defenderse del depredador. Si el depredador es un intento de identificar a todos los usuarios del sistema, lo que es antitético a la evolución de bitcoin y otras criptomonedas, evolucionarán para ser más sigilosas y anónimas.

Si aíslas una criptomoneda, desencadena un tipo específico de evolución acelerada. También hemos visto que esto sucede con las especies. Las especies que se aislaron, por ejemplo, en el continente de Australia, con una feroz competencia por recursos muy limitados, evolucionaron para convertirse en los animales más venenosos, tóxicos y peligrosos del mundo. Todo en Australia está tratando de matarte. A los australianos les encanta recordarles a los turistas de esto; incluso inventan especies que no existen solo para asustar a los turistas. Pero ¿por qué las especies en Australia evolucionaron de esa manera? Porque estaban aisladas y presionados. Cuando aíslas y presionas algo, se adapta aumentando su sigilo, aumentando su veneno y aumentando su resistencia.

Bitcoin ya tiene un elemento de evolución que es bastante efectivo. En el sistema regulatorio actual, los bancos que intentan tragar bitcoin tienen indigestión. No los mata, pero ciertamente les duele la barriga. Bitcoin no puede ser adoptado, cooptado o absorbido por el sistema bancario tradicional, lo cual es una gran ventaja en la evolución. Significa que podemos continuar haciendo lo nuestro, sin preocuparnos de ser tragados por el sistema tradicional. Esto es una gran sorpresa para la banca tradicional. En los últimos 50 años, se han acostumbrado a tragar cualquier tipo de competencia, —y no pueden tragar esta, no tiene buen sabor.

Diversidad del Ecosistema y Fragmentación en Criptomonedas

Cuando observamos la evolución del dinero, vemos esta explosión de miles de monedas nuevas. Esto continuará. Tendremos miles, y luego decenas de miles, y luego posiblemente cientos de miles de monedas. Piensas en eso y no tiene ningún sentido. Si se ve desde las perspectivas tradicionales del dinero, ¿cómo puedes tener cientos de miles de monedas? ¿Cómo podrían tener valor?

Lo que sucede es fragmentación; tienen valor, pero para un grupo cada vez más pequeño, que en realidad es el comportamiento normal del dinero. El dinero es algo que emerge entre pequeños grupos. La idea de un dinero para una nación entera es relativamente nueva. Si observa a los niños en el jardín de infantes, desarrollan su propio dinero, su propia cultura del dinero. Intercambian gomas, cartas de Pokémon y cubos. Lo usan como un lenguaje para expresarse entre ellos mismos.

De los cientos de miles de monedas que evolucionarán en este campo, la gran mayoría no tendrá un «valor económico real» fuera de la pequeña cohorte que las usa. Quizás algunos de ellos representen a tu equipo de fútbol favorito (que en esta ciudad es A.C. Milán). En algunas ciudades, esa es una pregunta peligrosa, porque la mitad de la sala dice un equipo y la otra mitad dice el otro equipo, y luego comienzan las peleas de puños. Afortunadamente, esto no fue un problema aquí.

Puedes imaginar monedas que representan lealtad a un artista, un equipo deportivo, un amigo, un negocio. Puedes imaginar monedas que se usan para representar productos o activos, que representan tokens compartidos para un servicio de taxi o representan todo tipo de cosas que aún no hemos imaginado. Este es un campo completamente nuevo. De estos cientos de miles de monedas, veremos algunas que se comportan de manera muy similar al dinero tradicional, ya que se utilizarán como el principal medio de intercambio y depósito de valor para las sociedades.

Moneda Cosmopolita

Pero estas no serán sociedades geográficas, serán sociedades de propósito común. Estas serán adhocracias y grupos que existen en Internet más allá de las fronteras, más allá de estados-naciones. Ahora vemos el surgimiento de la primera oportunidad para que la clase cosmopolita y las personas de mentalidad cosmopolita tengan una moneda cosmopolita, una moneda que pertenece al mundo, no a una sola nación.

Veremos emerger este tipo de cosas y no competirán con las monedas tradicionales. No vamos a reemplazar el euro con bitcoin; de hecho, eso sería un desastre. Podría decirse que sería incluso peor que el euro, porque la falla fundamental del dinero antiguo es la imposición del monopolio y el control centralizado. **La característica evolutiva fundamental del dinero nuevo es la descentralización y la elección.** Por eso es por lo que nosotros no competimos por el mismo nicho ambiental; creamos uno *propio*.

Saliendo de la Banca Tradicional y las Reliquias de la Mentalidad Anticuada

Cuando piensas en estas nuevas formas de dinero electrónico, instintivamente el pensamiento inicial es evaluarlas en el contexto del dinero tradicional. ¿Cuántos euros vale un bitcoin hoy? Todos en esta sala saben la respuesta a esa pregunta. Eso muestra que todavía estamos evaluando bitcoin en el contexto del dinero tradicional. Todavía suponemos que, si ganamos, probablemente ganaremos en monedas tradicionales; convertiremos, convertiremos nuevamente y gastaremos en monedas tradicionales.

Con esa mentalidad, debes pensar en los tipos de cambio y la volatilidad. Bueno, soy una de las personas que ya no hace tanto eso. No somos muchos, probablemente solo unos cuantos miles. Durante los últimos 3 años, he estado ganando ingresos en bitcoin. Durante los últimos 2, he estado percibiendo casi por completo en bitcoin.

Paulatinamente, la gran mayoría de mis gastos también son en bitcoin. En muchos casos, tiene un precio en monedas tradicionales, pero a medida que pasa el tiempo, cada vez es menos. Estoy usando bitcoin para comprar otras criptomonedas, para comprar servicios, espacio en disco, sitios web, ancho de banda, VPN, etc. Para esos, lo único que para mí es importante es el poder adquisitivo. Paulatinamente, en mi opinión, bitcoin ha comenzado a evolucionar de un simple medio de intercambio que traduzco a otra moneda, a una reserva de valor que tiene su propio poder adquisitivo de manera completamente independiente.

Un día, esta transición ocurrirá por completo para algunas personas, y luego para más personas. Construiremos una economía operada y denominada en su totalidad en monedas digitales, completamente en el Internet, sin intercambiar ni tocar el sistema bancario tradicional. Externo al sistema. Un día, la respuesta a la pregunta, «¿cuánto vale un bitcoin?», será «1000 milibits».

El Nicho Ambiental de la Criptomoneda

Tendrás que explicar esto a tus hijos. Ellos no tendrán que explicárselo a sus hijos. Ellos tendrán que explicar las divisas a sus hijos, tal como yo tengo que explicarles el VHS y las máquinas de fax a los jóvenes. Me doy cuenta de la edad que tengo cuando llego a una parada de tráfico y quiero preguntarle una dirección a otra persona, y hago este gesto de baja tu ventanilla, y ya no significa nada, porque no hemos tenido una ventanilla de carro que se abra así en 25 años. Si la persona a la que le hago ese movimiento es mayor, entienden lo que quiero decir, pero para una persona joven es un misterio. Estas cosas son las reliquias del viejo pensamiento.

No te das cuenta de que estás inmerso en las reliquias de una mentalidad anticuada hasta que tienes la oportunidad de salir de ese contexto. Bitcoin nos está dando esa oportunidad. Bitcoin es el vehículo por el cual salimos de las nociones tradicionales de dinero, vinculadas a la geografía y la nación, controladas por un banco central, con intermediarios de confianza. Dejamos esto y reevaluamos las verdades fundamentales. ¿Qué significa confiar? ¿Qué significa tener autoridad en un sistema centrado-en-la-red? ¿Qué significa expresar valor a nivel mundial?

A medida que entramos en ese nuevo contexto, *nosotros* estamos evolucionando como sociedad. Ahora nos dirigimos hacia el nicho ambiental de la criptomoneda.

Gracias.

¿Qué es Dinero Streaming ?

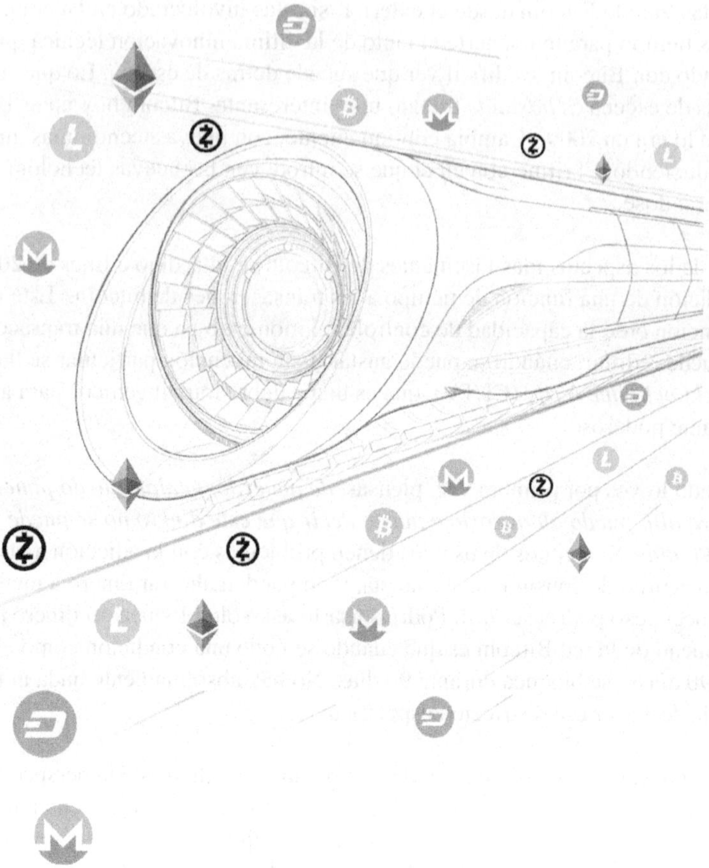

Bitcoin Wednesday Meetup at EYE Film Museum; Amsterdam, Holanda; Octubre 2016

Enlace de video: https://aantonop.io/queesdinerostreaming

La Dimensión de Tiempo del Dinero

Si estás viendo Bitcoin desde el exterior, si estás involucrado en Bitcoin, pero no tienes tiempo para mantenerte al tanto de la última innovación técnica que se está creando con Bitcoin, es difícil ver qué sucede detrás de escena. Lo que sucede detrás de escena es *bastante* trabajo muy interesante. Bitcoin hoy no es Bitcoin como lo era en 2009. Cambia continuamente, con nuevas tecnologías que se siguen introduciendo. El ritmo con en el que se introducen las nuevas tecnologías sigue acelerándose.

Uno de los aspectos más fascinantes de Bitcoin se introdujo a fines de 2015: la adición de una función de tiempo a las transacciones de bitcoin. Esta nueva invención creó la capacidad de controlar el momento en que una transacción se puede redimir, cuándo se puede gastar. Esta invención particular se llama *CheckLockTimeVerify* (CLTV), que es una palabra muy ingenieril para algo bastante poderoso.

Cuando lo ves por primera vez, piensas, *de acuerdo, genial. Puedo poner mi dinero allí, puedo bloquearlo y puedo decir que este dinero no se puede retirar por 90 días.* Si algunos de ustedes tienen problemas con la adicción a las compras o una actitud de consumo materialista, y no pueden ahorrar dinero a menos que lo bloqueen, eso podría ser útil. Podrías usarlo así: solo bloquea mi dinero por 90 días. Lo bueno de la red Bitcoin es que cuando se pone una condición como «bloquearlo por 90 días», se bloquea durante 90 días. No hay absolutamente nada ni nadie que pueda deshacer esa restricción específica.

Pero si observas esta dimensión de tiempo únicamente desde la perspectiva de bloquear una cantidad individual de dinero, entonces no lo estás entendiendo. Lo realmente interesante de esto es que crea un conjunto completamente nuevo de aplicaciones que nos permiten administrar la dimensión de tiempo del dinero. Esto cambia las reglas del juego, y la mayoría de las personas no se han dado cuenta de que las cosas se van a poner muy interesantes, muy rápido.

Una de las primeras aplicaciones que usa CheckLockTimeVerify y CheckSequenceVerify, que son las dos restricciones basado en tiempo, es una tecnología llamada *state channels* o *payment channels* (canales de pago). O, más general, *Lightning Network.*

Esta es una tecnología compleja. Permítanme comenzar describiendo brevemente esta tecnología, y luego veremos algo mucho más profundo que puede suceder con esta tecnología. Veremos qué significa tener dinero streaming.

Canales de Pago Bidireccionales, Explicados

Los canales de pago bidireccionales permiten realizar transacciones entre dos partes que no están registradas directamente en la blockchain de Bitcoin. Esencialmente, las partes establecen un canal de pago bidireccional, utilizando una dirección de firma-múltiple (multisignature), y luego intercambian promesas que tienen una dimensión de tiempo.

Permítame darles un ejemplo práctico: supongamos que estamos en un bar que sirve bebidas y acepta criptomonedas como pago —¡un cripto-bar! Y en lugar de pagar por bebida, me gustaría comenzar una cuenta con 10 euros de valor en bitcoin. Para hacer eso, puse 10 euros de valor en bitcoin en una dirección de firma-múltiple (multisignature) y establecimos un canal de pago entre nosotros. Si yo compro una bebida y la cantinera dice: «Eso es 1 euro» (es una bebida muy barata), yo firmaré una transacción que dice: «De los 10 euros que tenemos juntos en una firma-múltiple, se paga 1 euro a el bar, los otros 9 me son reembolsados». Le doy la transacción firmada a la cantinera, pero le pido que no la envíe a la red todavía —porque no he terminado de beber.

Cinco minutos después, digo: «Esa fue una bebida encantadora, deme otra». Crearé y firmaré una nueva transacción; esta, en efecto, anulará la anterior, que todavía no hemos transmitido a la red. La nueva transacción dirá: «La cantina recibe 2 euros (de los 10) y yo obtengo un reembolso de 8», y le pediré a la cantinera que guarde esa transacción también. Mientras que la cantinera tiene dos transacciones en mano, solo una de ellas paga por las dos bebidas. Si la cantinera quiere cerrar la cuenta, simplemente presenta la transacción más reciente a la red para su procesamiento. Pero cuando ella lo hace, yo también recibo mis 8 euros de cambio. Entonces, estoy contento y ella también. Ambos podemos retirarnos de esta transacción en cualquier momento que queramos, y hemos transferido efectivamente el dinero, pero nada de esto está registrado en la blockchain de Bitcoin todavía.

Ahora, esta es una muy buena noche, así que voy a tomar otra bebida. Yo firmo una nueva transacción que dice: «La cantina recibe 3 euros y yo obtengo 7 de cambio». Y así lo hacemos hasta que, finalmente, digo que quiero cerrar la cuenta. La última transacción que tenemos —digamos que son 5 euros en bebidas y 5 euros de reembolso— es la que realmente se registrada. En total, intercambiamos seis transacciones válidas, pero solo dos son registradas en la blockchain de Bitcoin —la que comienza (financiación de 10 euros) y la que finaliza (5 bebidas, 5 reembolso).

Ten en cuenta que podría haber creado tantas transacciones como quisiera y hacerlas tan pequeñas como quisiera, porque no estamos pagando una comisión por ellas. Solo pagamos una comisión por el saldo final. Podría estar transmitiendo cantidades muy, muy pequeñas en este canal de pago.

Canales de Pago Enrutados

Los canales de pago bidireccionales son una tecnología realmente interesante. Se vuelve aún más interesante cuando combina múltiples canales de pago bidireccionales para crear una red enrutada. Digamos que estoy sentado allí con mi amigo, estoy tomando bebidas y él está tomando bebidas, y tenemos dos canales de pago para el bar. En este momento, le debo 5 euros al bar y mi amigo le debe 6 euros al bar. Decidimos jugar un juego amistoso de billar uno contra el otro y colocamos una apuesta, «Quien gane obtiene 5 euros».

Entonces, jugamos un juego de billar, y pierdo, porque soy terrible en el billar. Pierdo mal. Mi amigo también podría ser un timador en el billar y ocultar este hecho; de todos modos, pierdo mal. Ahora le debo a mi amigo 5 euros. ¿Cómo le pagaré a mi amigo?

Bueno, podría pagar directamente iniciando un nuevo canal de pago con mi amigo. Pero los dos ya tenemos canales abiertos con la barra. Entonces, aquí hay otra opción: podría ir a la cantinera y decirle: «En este momento, él te debe 6 y yo te debo 5. ¿Qué tal si cambias su cuenta para que el solo te deba 1 y yo te deba 10?» Genial, así que ahora no necesitamos crear otro canal de pago. Creamos dos transacciones, una en la que yo pago 10 euros a la barra, y una donde la cuenta de mi amigo se reduce 1 euro. Cerramos ambos canales de pago y esencialmente yo le he pagado a mi amigo, pero sin tener ninguna conexión directa con él.

Lightning Network en Pocas Palabras

Toma esta idea y ahora imagina conectar decenas de miles de canales de pago en una red enrutada. Donde básicamente puedo salir, descubrir la red, y decir, quiero darle a Taylor un milibit, que es una milésima parte de un bitcoin. Ahora, yo no estoy conectado a Taylor, pero Taylor está conectado a Rowan, y Rowan está conectado a Jesse, y Jesse está conectado a Casey. Yo estoy conectado a Casey, así que le daré a Casey 1 milibit, pero solo si Casey se lo da a Jesse, solo si Jesse se lo da a Rowan, y Rowan se lo da a Taylor. Cuando Taylor recibe el milibit, entonces le pagan a Rowan, le pagan a Jesse y yo le pago a Casey. Y eso es Lightning Network en pocas palabras: es una serie de simples contratos inteligentes.

Contratos Inteligentes Usando Bitcoin

Estos contratos inteligentes utilizan tres tecnologías en Bitcoin. Una es la tecnología de firmas-múltiples (multisignature). Otro es bloqueo-de-tiempo (timelock): CheckLockTimeVerify y CheckSequenceVerify —principalmente CheckSequenceVerify, que es el tiempo relativo de la transacción anterior. Y, por último, un nuevo invento llamado Hashed Timelock Contracts o HTLC, que es una forma de reenviar una promesa que solo puede ser desbloqueada por un secreto. Estos son contratos inteligentes usando Bitcoin.

Velocidad, Confianza y Certeza

Aquí es donde se pone divertido. Lo realmente interesante de esto es la velocidad a la que puedo procesar estas transacciones. Estas transacciones son transacciones de bitcoin completamente formadas, garantizadas por la red Bitcoin. Cualquiera de las partes puede retirarse en cualquier momento; no tenemos que confiar el uno en el otro. Podemos tomar la transacción más reciente, enviarla a la red y cerrar todos los canales en cualquier momento que queramos.

Ahora podemos intercambiar transacciones tan rápido como podemos procesar firmas de curva-elíptica, tan rápido como podemos transmitir estos pagos entre nosotros. ¿Qué tan rápido es eso? Milisegundos. Podemos gastar cantidades tan pequeñas como 1 satoshi (ocho decimales, la división más pequeña de un bitcoin). Ahora puedo transmitir satoshis en milisegundos, a través de una red de decenas de miles de participantes que están conectados en una capa encima de Bitcoin.

En términos legales, es una asignación de reclamos. Es una serie de pagarés, una serie de IOUs (I owe you), una serie de promesas a futuro. La cuestión es que, si una de las partes no cumple con su promesa a futuro, entonces no pueden recoger en la promesa que llega a ellos en una red enrutada. Nadie puede tomar dinero sin cumplir con los términos del contrato. **Es un sistema de contratos inteligentes, en el que no necesitas confiar en ninguno de los participantes.**

De hecho, si esto se implementa correctamente, no tienes idea de quiénes son los otros participantes. Simplemente dices: «Le estoy pagando a Alex la décima parte de un bitcoin. Búscame una ruta. Genial, ¿se necesitan 233 saltos (hops) para llegar allí? No me importa». Al igual que no tienes idea de cómo llegó realmente tu paquete TCP a Google; no te importa. Es el mismo sistema.

Privacidad Enrutamiento-Cebolla (Onion-Routed)

De hecho, es mejor, porque la primera implementación de Lightning Network se basa en el enrutamiento-cebolla, como Tor. Cada conexión está encriptada. Esto significa que cuando recibes una promesa de Lightning Network, no tienes idea de si la persona que te la envía es la persona que inició la transacción o si solo es alguien que la está transmitiendo de otra persona. No tienes idea de si la siguiente persona a la que se la envías es el final de la transacción o si lo va a transmitir a otra parte. Solo tienes información de un-salto (one-hop). **Lightning Network aumenta enormemente la privacidad y el anonimato.**

Usándolo con Otras Implementaciones de Bitcoin y Otras Monedas

Puedes ejecutar Lightning Network sobre Ethereum. Puedes ejecutar Lightning Network sobre cualquier criptomoneda que habilite las tres primitivas bases: comprobación de hashes, contratos de firma-múltiple y controles basado-en-el-tiempo. Es una red que se puede superponer en cualquier cosa.

Espero que todos ahora tengan una comprensión básica de Lightning Network. Lo importante es que te deja crear obligaciones bilaterales que te permiten transmitir dinero a diferentes escalas en el tiempo, y que se puede superponer en una capa sobre Bitcoin. Hablemos de cómo eso cambia las cosas.

La Experiencia Streaming y la Naturaleza del Pago

Hoy, la forma en que pensamos sobre el dinero está controlada por los contenedores de dinero. Cada tipo de contenedor impone ciertas restricciones sobre cómo se usa ese dinero, y tendemos a pensar en el dinero en términos de los contenedores en los que viene, en lugar de su forma pura de valor transmisible. Pero cuando cambia el medio, el contenedor, el mensaje cambia. Cuando cambias la granularidad del tiempo, cosas muy extrañas comienzan a ocurrir.

¿Cuántos de ustedes son pagados por salario? ¿Cuántos de ustedes reciben su salario automáticamente a través de su cuenta bancaria? Bien, eso es casi las tres cuartas partes de la audiencia. ¿Y con qué frecuencia te pagan? ¿Una vez al mes? ¿Por qué?

Esta es una pregunta que realmente no hemos considerado: ¿cuál es la naturaleza del salario y por qué ocurre a intervalos mensuales? ¿Por qué juntamos dinero a intervalos mensuales? Hay una muy buena razón. Este es un ejemplo de dinero adquiriendo las características de su contenedor. El medio de los pagos bancarios, los sistemas de contabilidad, la capacidad de pagar a los empleados, están restringidos. Se vuelve costoso hacer transferencias con mayor frecuencia utilizando el sistema bancario.

Música Streaming, Películas Streaming

Veamos algunos paralelos en la historia. En este momento, vivimos en Internet la era de streaming. Streaming se ha convertido en uno de estos conceptos enormemente poderosos que está cambiando la forma en que consumimos varias cosas, la forma en que experimentamos varias cosas en Internet. Por ejemplo, la música MP3 está desapareciendo. ¿Por qué? Porque no quiero guardar 30 000 archivos MP3 en mi dispositivo móvil cuando puedo escucharlos vía streaming en tiempo real desde un proveedor. ¿Cuántas personas han dejado de almacenar archivos MP3 en sus dispositivos móviles y utilizan un servicio streaming? Eso es el 75 por ciento de la audiencia. Este concepto no existía hace 10 años.

Muchos de nosotros que participamos en Internet en sus inicios reconocimos que, en algún momento, el valor de almacenar los datos versus streaming en vivo cambiaría y nadie almacenaría su propia colección de música. De hecho, ahora gran parte del valor proviene de la curación de contenidos —el DJ, la lista de reproducción. Si tomo los 30 000 MP3 en mi computadora portátil y presiono «shuffle», suceden cosas malas. ¿Por qué? Porque tengo una colección de música muy amplia y multi-género. Puedo ir de Tchaikovsky a Iron Maiden a Justin Bieber en 3 minutos. Y eso puede dañar mi psique, especialmente si termino con Justin Bieber (está bien, en realidad no poseo algo de Justin Bieber, pero solo como un ejemplo). **El asunto fundamental es que ahora valoramos no la permanencia de la música sino la experiencia de la música. Ha cambiado la forma en que experimentamos la música.**

Lo mismo sucedió con las videocasetes. ¿Recuerdas cuando tenías que ir a la tienda a comprar una videocasete? Para cualquier persona menor de 30 años, una videocasete era una cosa plástica que tenía que rebobinar; algo así como un DVD, solo más desagradable. Si experimentas películas de esa manera, cambia tu experiencia. Tienes un catálogo limitado y consideras con mucho más cuidado lo que compras. Lo experimentas de una manera diferente; en realidad te sientas durante una película entera y la disfrutas. Ahora, tenemos streaming de video y hemos cambiado nuestras expectativas. No solo ha cambiado nuestras expectativas sobre cómo adquirimos películas, como usar Netflix. El impacto realmente importante es la aparición de cosas como YouTube. Pasamos de experimentar contenido de video en una hora y media a experimentar contenido de video en 15 minutos, y ahora experimentar contenido de video en Vines de 6 segundos e insta-videos. Esa experiencia es completamente diferente.

Verás, cuando el contenedor cambió, la experiencia real del video cambió. Ahora podrías comenzar a experimentar videos en cantidades mucho más pequeñas. Podría ser creado por una gran cantidad de personas que nunca has conocido, que no tenían ningún talento de producción, y que a veces son sorprendentemente buenas. Video streaming cambió la naturaleza del video. Música streaming cambió la naturaleza de la música.

Dinero Streaming y Flujos de Efectivo

¿Qué sucede cuando comenzamos con el dinero streaming? Si podemos hacer pagos que están en una frecuencia de milisegundos, que son tan bajos como un satoshi, ¿por qué no tener tu salario pagado cada minuto? Esto tiene algunas implicaciones realmente importantes. Si lo piensas solo desde la perspectiva del salario, ahora estás trabajando en tiempo real. **El dinero se convierte en algo en tiempo-real y su naturaleza cambia fundamentalmente.**

Vi un video interesante el otro día. Un equipo de una universidad creó una cámara que podía tomar 1 billón de cuadros por segundo. Brillaron un haz de luz a través de una botella de plástico y lo grabaron con su cámara. En el video, el haz de luz de repente se transforma en un trozo de luz que se mueve a través de la botella. En realidad, puedes ver fotones, fotones individuales, agrupados como un pulso de luz, moviéndose a través de la botella. La luz es en realidad cuantos, son unidades discretas. Pero en nuestra experiencia cotidiana, no lo es: es una ola, es un flujo. La naturaleza es así.

¿Qué sucede cuando cambias la dimensión de tiempo del dinero? ¿Qué sucede cuando lo conviertes de algo empaquetado —eso es discreto, algo con lo que hemos estado acostumbrados a lidiar durante generaciones ahora en trozos de pagos mensuales y contabilidad trimestral y (tal vez si tenemos suerte) pagos diarios — llevarlo a milisegundos? Cuando puedes hacer micropagos en milisegundos, el término *flujo de efectivo* adquiere un significado completamente diferente. **El efectivo es un flujo; es una transmisión continua que no tiene significado como una cantidad.** Imagina hacer contabilidad en las empresas en tiempo-real, en función de los flujos de dinero que ingresan y los flujos de dinero que egresan. Ni siquiera hemos arañado la superficie. Hasta ahora.

Comprimiendo Pagos, Cambiando sistemas

Así como Internet convergió todos los medios en una sola red, bitcoin y las criptomonedas convergen redes de pago. Si estuviste aquí antes de Internet (y yo ciertamente lo estaba), teníamos redes de comunicación para enviar fotos, a las que llamamos fax. Teníamos redes de comunicación para enviar cartas, llamadas télex. Teníamos redes de comunicación para enviar voz, y lo llamamos teléfono. Internet reunió todo esto.

Hoy, tenemos redes de pago que son grandes, para que los gobiernos se paguen entre sí; redes de pago que son pequeñas, para que nos paguemos unos a otros; redes de pago que son para consumidores y empresas, para minoristas. Redes de pago que son para grandes cantidades, redes de pago que son para pequeñas cantidades.

Bitcoin nos permite hacer transacciones tan pequeñas como una micro transacción hasta el nivel de una giga transacción. Ha comprimido el espacio de pagos, de modo que una sola red puede soportar pagos por valor de miles de millones y pagos por valor de centavos. Eso es comprimiendo el espacio. Ahora, con esta introducción de una dimensión de tiempo en bitcoin, vamos a comprimir el tiempo.**Vamos a abrir una dimensión completamente nueva al dinero, una que nos permita abordar el dinero como flujos diminutos que fluyen continuamente, que pueden ser agregados y divididos como corrientes.**

Cuando digo «dinero streaming», nos tomará 15 años comprender realmente lo que eso significa: lo que eso hace a los pagos humanos, lo que eso hace a los pagos corporativos, lo que eso hace a los pagos transfronterizos, lo que eso hace a el estado-nación. Todavía no sé qué será eso, pero yo sí sé una cosa: Eso va a ser grande. Eso es lo que es dinero streaming.

Gracias.

El León y El Tiburón

Silicon Valley Ethereum Meetup at Institute for the Future; Mountain View, California; Septiembre 2016

Enlace de video: https://aantonop.io/elleonyeltiburon

Comparando Bitcoin y Ethereum

Algunas personas me han llamado «maximalista de bitcoin». No soy un maximalista de bitcoin. **Estoy interesado en la posibilidad de blockchains abiertas, públicas, sin fronteras, descentralizadas, sin permiso, que lo alteren todo.** En ese campo, creo que hay bastante lugar para muchos enfoques diferentes a muchos problemas diferentes.

Entonces, ¿qué es Ethereum? ¿Qué es bitcoin? ¿Cómo se comparan estos dos? Veamos qué tiene que decir Google. Si escribo en la barra de búsqueda de Google «Ethereum es...», Google sugiere como la primera búsqueda «Ethereum está... muerto». Las buenas noticias son que Ethereum no es el único. Si escribes «bitcoin es ...», Google sugiere que «bitcoin está ... muerto».

Ya vemos que **estos dos sistemas comparten una cosa en común: son constantemente subestimados. Los llamo «monedas zombis».** Incluso después del doble toque, cuando sales del supermercado que acabas de saquear durante el apocalipsis zombi, ¡escuchas «!grrr!» Detrás de ti. Como siempre, el zombi se niega a morir.

Si se busca «Ethereum es ...», encontrarás una definición en el sitio web Ethereum.org: «Ethereum es una plataforma descentralizada que ejecuta contratos inteligentes: aplicaciones que se ejecutan exactamente como están programadas sin ninguna posibilidad de tiempo de inactividad, censura, fraude o interferencia de terceros». Si escribes «Bitcoin es ...», se verá el título del libro blanco de Satoshi Nakamoto que dice: «Bitcoin es un sistema de efectivo electrónico de igual a igual (P2P)».

Ahora tenemos que preguntar, ¿son estos lo que dicen ser? ¿Es Ethereum, de hecho, lo que dice que es en el sitio web? ¿Es bitcoin lo que dice ser en el libro blanco? Al hacer esa pregunta, Tenemos que ver la conclusión ineludible: **lo que el fundador quiere que sea, no siempre lo es.**

Consecuencias Imprevistas

Eso no debería ser sorprendente, se aplica a todas las tecnologías. Cuanto más disruptiva sea, menos podrá un fundador o inventor predecir qué terminará siendo, cómo evolucionará, qué aptitud encontrará para qué aplicaciones.

«Internet es …»,((("internet","definida")) una red militar diseñada para permitir la continuidad del enrutamiento de datos en el caso de un ataque nuclear estratégico y selectivo contra Estados Unidos. O, el repositorio único más grande del mundo de videos de gatos. DARPA (Agencia de Proyectos de Investigación Avanzados de Defensa) no se propuso crear el repositorio único más grande del mundo de videos de gatos.

Tim Berners-Lee diseñó la web para que sea un mecanismo para que los físicos puedan intercambiar conocimientos —documentos, datos, imágenes— entre instituciones de investigación, no publicar fotos de lo que acaban de comer, o usar el ángulo de cámara correcto, con la apariencia de cara de pato perfecta para impresionar a todo el mundo simultáneamente. Las consecuencias imprevistas son parte de la tecnología.

Las Elecciones Son Compensaciones Evolutivas

La tecnología es una herramienta; como tal, no existe en un vacío. Se le da a la sociedad y ésta decide cómo cada persona usa esa herramienta en una manera bastante descentralizada. **A medida que se usa la herramienta, ésta cambia. Tu interacción con la tecnología cambia su naturaleza. Se moldea para convertirse en lo que quieres que sea.** Ese es ciertamente el caso con las tecnologías centralizadas; y 10 veces más con los sistemas descentralizados y abiertos, donde la innovación no requiere permiso, donde el desarrollo es guiado por el consenso.

Es completamente ingenuo suponer que solo porque el fundador piense, *esto es lo que va a ser, eso será* **Resulta que Ethereum no es un sistema de aplicaciones que se ejecutan exactamente como están escritas, sin interferencia de terceros o censura, etc. Bitcoin no es simplemente un sistema de efectivo digital de igual a igual (P2P).** Los sistemas evolucionan, y lo difícil de la evolución es que, incluso cuando está dirigida, cuando eliges cualquier característica del sistema, estás limitado por dos cosas: 1) no tienes idea de lo que hará el mercado o la sociedad con esa elección, en qué camino te llevará; y 2) cuando haces esa elección, siempre hay algo a cambio.

Si eliges un camino, cierras la posibilidad de seguir otros caminos. Si eres un tiburón y tienes agallas, puedes respirar en agua salada; pero por necesidad, no puedes respirar al aire libre. Si eres un león y desarrollas garras, no tendrás la destreza de los dedos de los primates. Cada elección abre un camino y cierra miles de millones de otras posibilidades que podrían haberse emprendido. Incluso si supieras exactamente a dónde te diriges, las elecciones tienen consecuencias. Limitan las cosas, son inherentemente compensaciones.

Reyes de los Nichos Ambientales

Estoy usando el león y el tiburón como ejemplo porque creo que ilustra una forma de ver Ethereum y bitcoin, al compararlos. Si Ethereum es un tiburón, es el depredador del ápice dentro de su propio ambiente. Es un nadador rápido, puede respirar bajo el agua, come cualquier cosa que lo moleste. Si bitcoin es un león, gobierna la tierra, pero no nada muy bien, En realidad, nunca puedes juntar a estos dos superdepredadores en un cuadrilátero de pelea y decir: "¡Que gane el mejor! Porque el resultado se decide completamente si se llena o no de agua el cuadrilátero.

La aptitud para el propósito es algo que se decide a través de este proceso evolutivo, en un mercado. No existe tal cosa como «el mejor». En términos evolutivos, el estado físico no significa «el más fuerte», sino el que tiene la mejor adaptación para su ambiente.

Entonces la pregunta es: ¿cuál es el ambiente para Ethereum? ¿Cuál es el ambiente para bitcoin? ¿Qué aplicaciones son las más adecuadas para resolverse con algo como Ethereum? ¿Qué aplicaciones son las más adecuadas para ser resueltas por bitcoin o cualquiera de los otros sistemas existentes? Necesariamente, algunas elecciones tienen consecuencias.

Complejidad Flexible, Seguridad Robusta

No soy maximalista porque creo que el maximalismo es contraproducente y presuntuoso. Asume que usted tiene, no solo el control de los resultados, sino incluso la capacidad de prever los resultados en el futuro. Ni siquiera puedo hacer predicciones sobre lo que sucederá en esta industria dentro de 3 meses porque cambia demasiado rápido.

¿Para qué es Ethereum más adecuado? Ethereum ha hecho algunas compensaciones muy específicas; Estos no fueron accidentales, fueron muy deliberados. Es un lenguaje Turing-completo, que ofrece una enorme flexibilidad en la programación y lleva muy cerca las aplicaciones de Ethereum a la plataforma real.

Bitcoin no es Turing completo. Eso no es un accidente; no es Turing completo para un propósito muy específico. Está diseñado para ser extremadamente limitado en su flexibilidad, con el fin de ofrecer una seguridad muy sólida. **La simplicidad es una práctica de seguridad fundamental.** Si eliges hacer las cosas de una manera muy simple, para hacerlas muy robustamente seguras, necesariamente cierras la puerta a miles de millones de aplicaciones que no pueden inventarse dentro de los límites de la seguridad robusta.

Si eliges crear la flexibilidad para hacer esas aplicaciones, también se está anotando para un ritmo de desarrollo mucho más rápido, pero también para mucha más complejidad —lo que significa muchos más errores, muchas más condiciones inesperadas, muchas más consecuencias no imprevistas e impredecibles. Uno necesita del otro.

Maximalista de Blockchain-Abierta

Ethereum y bitcoin se han lanzado en diferentes caminos. **Bitcoin no puede hacer muchas de las cosas que hace Ethereum. Ethereum no puede hacer muchas de las cosas que hace bitcoin. Pero ambos pueden hacer algo milagroso: pueden reordenar las instituciones** fundamentales de la sociedad en torno a sistemas de organización centrados-en-la-red en lugar de las instituciones. Pueden crear oportunidades para la innovación sin permiso, para que cualquiera pueda construir aplicaciones donde el tamaño mínimo requerido de audiencia del mercado es dos, y eso es todo.

Si tengo una aplicación y alguien más quiere ejecutar esa aplicación, tenemos una red. En Ethereum o bitcoin, podemos ejecutar una aplicación. No tenemos que pedir permiso a nadie. Eso es algo mágico, es algo asombroso. Lo que está haciendo, en ambos casos, es crear esta explosión exponencial de innovación que nunca hemos visto. Va a afectar a algunas instituciones y estructuras sociales que se han mantenido sin cambios desde el comienzo de la Revolución Industrial. Esa es la promesa única.

No soy un maximalista de bitcoin. No soy un maximalista de Ethereum. Yo soy un maximalista de los sistemas abiertos, sin fronteras, descentralizados y sin permisos que nos permiten resolver problemas en la sociedad con tecnología abierta para todos. Creo que es una receta mágica. No importa si intentas resolverlos en Ethereum o si intentas resolverlos en bitcoin, qué crees que Ethereum es o qué crees que bitcoin es. No puedes decidir e incluso Vitalik no puede decidir. El mercado decide.

«Sandbox» de la Innovación

Si deseas un sistema donde el fundador decida, ya tenemos esos y se llaman instituciones jerárquicas; nuestra sociedad está dirigida por ellas. Si deseas un sistema donde no hay posibilidad de evolución hacia territorio desconocido, no hay posibilidad de cambio o consecuencias no imprevistas, entonces designas a un dictador que toma todas las decisiones, y las cosas son mucho más simples. Los resultados son predecibles: exclusión económica, miseria humana, pobreza, pérdida de libertad. Sin embargo, algunos se benefician enormemente de este tipo de sistemas.

Pero al anotarse para jugar en el «sandbox» de Ethereum o Bitcoin, tú dices: «No sé qué pasará porque no estoy a cargo». Aún mejor, nadie más sabe lo que sucederá porque nadie está a cargo. Estos sistemas se han desatado en un mar de creatividad, donde el mercado decidirá qué aplicaciones creen que son las mejores. Tal vez funcionen, tal vez no.

Al final, estas cosas caerán en un nicho donde encajan perfectamente para un conjunto muy especial de aplicaciones, y no tenemos idea de cuáles serán. Celebra al león, celebra al tiburón. Ambos son reyes de sus propios nichos ambientales únicos.

Gracias.

Ciencia de Cohetes

Cape Town Ethereum Meetup at Deloitte Greenhouse; Cape Town, South África; Marzo 2017

Enlace de video: https://aantonop.io/cienciadecohetes

La Aplicación Asesina de Ethereum

De lo que quiero hablar hoy es del concepto de una «aplicación asesina y de cómo vamos a encontrar la aplicación asesina para Ethereum. Es un tema que también surge con Bitcoin. Una de las preguntas más comunes que me hacen es: «¿Cuál es la aplicación asesina para Ethereum?».

Y «reemplazar Bitcoin» no es la respuesta correcta, por cierto …

La «aplicación asesina» es una pregunta interesante. Cuando las personas se fijan atentamente en el entorno e intentan pensar en todas las posibles aplicaciones que podrían existir, ya sea en Bitcoin o Ethereum, la mayoría de las personas intentan mapear un espacio para construir una aplicación. Pero esas ideas no siempre son las primeras en comercializarse, no siempre son las primeras historias de éxito. Algunas aplicaciones requieren requisitos, requieren infraestructura, o requieren una gran concentración de usuarios en una zona geografía específica, o requieren una industria que tenga muchos usuarios trabajando juntos para adoptar una tecnología. No se obtienen las mismas aplicaciones al comienzo de una tecnología como se hace después de madurar un tiempo.

Aquí he estado desde los primeros días del Internet e incluso a principios de la década de 1990, todos sabían que el video bajo demanda (VOD, por sus siglas en inglés) iba a ser una aplicación asesina. Es obvio. En 1993, vi una demostración en vivo de una videoconferencia; eran dos salas, con equipos que costaron alrededor de £2 millones, y requirió una conexión a través de fibra entre la Universidad de Londres y una universidad en los Estados Unidos. Fue la culminación de un proyecto de 2 años y fue *más o menos* lo que cualquiera puede hacer hoy en una llamada de Skype de forma gratuita. Incluso entonces, las video llamadas eran una aplicación asesina obvia, pero Internet no estaba lista para soportarlas a gran escala. Netflix? Eso ciertamente no iba a pasar pronto.

Cuando estás pensando en una aplicación asesina, no se trata simplemente del conjunto de aplicaciones que podrían implementarse. También se trata de lo que se puede implementar con lo que se tiene hoy. ¿Qué requiere la menor inversión en infraestructura? ¿Qué requiere la menor densidad de usuarios y, sin embargo, proporciona una solución viable a un problema real?

Esa es la pregunta en la que pasó mucho tiempo pensando.

La Aplicación Asesina de Bitcoin

En Bitcoin, una aplicación asesina es bastante obvia. A nivel mundial, hay pagos transfronterizos de alto valor que son particularmente difíciles; difícil porque hay controles de divisas, difícil porque su gobierno está descabellado y están imprimiendo billetes de $100 billones, difícil porque hay comisiones muy altas o bajas oportunidades para la banca. Ese es un punto ideal, ¿verdad?

La razón por la que es un punto ideal es porque no se necesita mucho para ser mejor. Podría ser lento, y todo lo que tiene que hacer es no ser tan lento como los bancos. Podría ser costoso, y todo lo que tiene que hacer es no ser tan costoso como los bancos. Y allí, se tiene una solución viable para un problema real. Todo lo que se necesita para adoptar esa solución es la participación del remitente y el destinatario. No necesita una infraestructura masiva para hacerlo.

Blockchains y Aplicaciones Descentralizadas (Dapps)

Entonces, ¿cuál es, de hecho, la aplicación asesina para Ethereum? En Bitcoin, nos hemos salido de los rieles y todos se han vuelto locos de blockchain. «Dejen que lo llamen "blockchain"», dice la camiseta que llevo puesta. Se está burlando de esta idea de que todo lo que solía ser una base de datos ahora es una «blockchain». De repente, por magia, adquiere estas capacidades: inmutabilidad, resistencia a la censura, neutralidad, operación sin fronteras, etc., que no son realmente características de una blockchain. Son características de *tipos* específicos de blockchain. **Si solo tomas una base de datos y empujas algunos hashes en ella, ¡eso no hace una blockchain inmutable! Pero sí ganan un buen dinero para los consultores.**

¿Qué está pasando en Ethereum? Todo es un «dapp» (aplicación descentralizada). «Aplicación» más «d» es igual a «dapp». Vamos a hacer todo dapp, dapp aquello, dapp lo siguiente. ¡Vamos a dapp todo! ¡Dapp el mundo! Lo que es lo mismo que «blockchain». De manera similar, atrae todo tipo de actitudes equivocadas, todo tipo de personas equivocadas. Los tiburones comienzan a dar vueltas y dicen: «Hay dinero en el agua, hay capitalistas que derrochan dinero en cosas que no entienden. Tenemos un término para un bombo publicitario. Es la nueva Web 2.0, ¡aprovechémonos! Tomemos lo que estábamos haciendo antes, estampemos "blockchain", y ahora lo que estamos haciendo es genial. Y —lo que es más importante, —¡financiable!», «¡tomemos lo que estábamos haciendo, estampemos "dapp", y lo que estamos haciendo ahora es financiable!».

Hay un peligro allí. Ya lo estás viendo. No quiero ser demasiado duro con Enterprise Ethereum Alliance, pero estos no son tus amigos. La idea de que todas estas empresas centrarán su atención magnánima en su tecnología y la harán brillar repentinamente en sus aplicaciones empresariales ... En su mayor parte, lo que les interesa es bifurcar el código y crear versiones cerradas y aburridas que le puedan vender a la gerencia.

Mientras no hagan nada perjudicial, cabalgaran el pony Ethereum por un tiempo. **Pero al final, habrá un momento en que lo que hagan es suficientemente disruptivo e interesante como para que digan las palabras mágicas: «Estamos interesados en la tecnología detrás de Ethereum (dapps), no en Ethereum en sí». ¿Les suena conocido?** Se acordarán de mis palabras, eso va a suceder. A menos que realmente no hagan nada interesante. Pero si lo haces, eso es lo que va a pasar.

El Disparo a la Luna de Ethereum, Contratos DAO

¿Cuál es la esencia de Ethereum? Para mí, son los contratos inteligentes. ¿Dónde suelen las personas usar contratos? La mayoría de los contratos que alguna vez firmé y la mayoría de los contratos que he escrito son para intercambio entre negocios (B2B). He firmado algunos contratos como consumidor, pero uso muchos más contratos a través de mi negocio. Los contratos son los que hacen que las empresas funcionen.

Hay un aspecto particularmente interesante en eso, que es que los contratos comerciales privados entre dos empresas generalmente no están sujetos a regulación. Puedo elegir en qué jurisdicción quiero operar; puedo elegir mi opción de ley. Mientras sea un asunto entre mi corporación y otra corporación, no es asunto de nadie lo que escribimos en ese contrato. Ese es un amplio espacio abierto. No ofende a los reguladores. Es un poco neutral.

Hay un tipo particular de contrato que es el más interesante; ¿Cuál es el primer contrato que debes hacer en *cualquier* negocio? Artículos de la organización. Es el contrato de «Eh socio, no me jodas y huyas con todo el dinero». Es cómo te aseguras de que las personas con las que estás formando esta asociación, esta empresa, este vehículo, se van a comportar de la manera que esperas que lo hagan. Ese es el primer contrato.

La corporación misma es un contrato. Ese contrato es el más crítico, porque esa es la oportunidad en la que **Ethereum puede reinventar lo que significa ser una corporación en el mundo moderno: la esencia misma de una corporación, la organización autónoma descentralizada o DAO.** Esa es la aplicación asesina.

Es el espacio que a los reguladores no les importa, en su mayor parte. Es el espacio donde tienes la mayor libertad para inventar formas completamente nuevas, nuevos sistemas, para que los humanos se organicen a gran escala. Es el disparo a la luna de Ethereum. Es la posibilidad de llevar esto a un nivel completamente nuevo, llevarlo a una órbita lunar, si así lo deseas.

La Cienca de Cohetes de la Gobernanza

Pero entrar en la órbita lunar requiere ciencia cohetes. Escribir contratos inteligentes para organizar corporaciones *es* ciencia de cohetes.

¿Cuál es la comprensión esencial de la ciencia de cohetes? Es que, fundamentalmente, hay muy poca diferencia entre un cohete y una bomba. En términos de química fundamental, un cohete es una reacción exotérmica muy grande. La diferencia entre un cohete y una bomba es que un cohete es una reacción exotérmica *controlada* donde toda la salida se dirige en una dirección muy específica. Piensa en eso como gobernanza; entonces es una bomba con gobernanza. Esa es la diferencia. Un cohete es lo que sucede cuando hace gobernanza en explosivos.

El problema es que cuando las personas ven el increíble poder de un cohete, la mayoría de las veces están realmente entusiasmadas con la posibilidad del «gran boom» —el lado explosivo de las cosas. Esto también se aplica a los contratos inteligentes, porque **con un contrato inteligente, el dinero es el combustible y el contrato inteligente es la gobernanza.** La ciencia de cohetes de un contrato inteligente es garantizar que el combustible del dinero, administrado por el contrato inteligente, no le explote en la cara.

Cuando usas la ciencia de cohetes para construir cohetes, es muy decepcionante cuando tu vecino, Stevie, decide atar una silla de jardín a 150 000 kilogramos de combustible altamente explosivo y dice: «¡Con mi cohete, conquistaré el vuelo espacial humano!» Por supuesto, es una pesadilla para Stevie, pero también estropea la idea del vuelo espacial humano para otros. A partir de ese momento, cualquiera que esté buscando el término «vuelo espacial humano» se conectará en línea, y el primer resultado será un video de YouTube de Stevie Boy creando un cráter descomunal en su patio trasero y convirtiéndose en Stevie humo. Mientras Stevie tenía la energía cinética capturada en 150 000 kilogramos de combustible altamente explosivo, se olvidó de la gobernanza.

Cómo Lograr la Órbita Lunar

La *gobernanza* es la aplicación asesina. Es cómo tomas los fondos y los administra, cómo tomas la energía de una comunidad y la administras, cómo reinventar la corporación. Cada vez que piensen en escribir un DAO, hay una pequeña llamada de sirena que dice: «¡podríamos recaudar mucho dinero con esto!», resistan. La forma en que logras la genialidad de una órbita lunar con Ethereum es mediante una gobernanza muy cuidadosa y muy conservadora que itera y madura durante un largo período de tiempo. Esa es una aplicación asesina. Eso puede cambiar la forma en que se forman corporaciones.

Pero para hacer eso, debes asegurarte de no usar demasiado combustible. Si intentas construir un cohete Atlas V el primer día, harás un cráter enorme y seguirás haciéndolo durante tanto tiempo como decidas que el primer paso es la órbita lunar.

No hagamos órbita lunar. ¿Qué tal una órbita terrestre baja? ¿Qué tal salir de la plataforma de lanzamiento? ¿Qué tal una prueba de motor con arnés horizontal? Ese es realmente el desafío con Ethereum en este momento, pero también la gran oportunidad. **La aplicación asesina son los contratos inteligentes que redefinen la corporación moderna. El DAO, la organización autónoma descentralizada.** Pero si buscas el DAO, ¿qué encuentras? «El DAO» explotó el mismo en un cráter gigante porque tenía demasiado combustible en el motor con una gobernanza inmadura.

Necesitamos mucho más trabajo sobre la madurez de la gobernanza, y para aquellos que hacen ese trabajo, les llevará 20 años lograr el éxito de la noche a la mañana, pero un día ese vehículo entrará en una órbita lunar.

Gracias.

Preguntas Frecuentes (Q&A)

En casi todos los eventos, Andreas invita a la audiencia a hacerle preguntas sobre cualquier cosa relacionada con las criptomonedas. Como puedes imaginar, algunas de las preguntas son sobre los conceptos básicos, para los recién llegados, otras son bastante técnicas y otras se centran en las implicaciones políticas, sociales o económicas. A menudo, reflejan las esperanzas y temores actuales de la audiencia. Sin embargo, cada vez, diferentes audiencias alrededor del mundo hacen preguntas similares.

A continuación, encontrarás algunas de las preguntas más frecuentes y las respuestas de Andreas. Al leerlas, ten en cuenta que estas respuestas no están preparadas; son improvisadas, elaboradas en escena para el público en el evento y reflejan los pensamientos de Andreas en un momento específico. Las cosas cambian rápidamente en esta industria. Algunas de las referencias en esta sección, como la capitalización de mercado de bitcoin, es noticia atrasada el día después de que se responde la pregunta, pero eso no minimiza el valor general de la respuesta.

Para encontrar los últimos videos de preguntas y respuestas de Andreas, visita su sitio web en https://aantonop.com/ . Mejor aún, ¡asiste a un evento y haz una pregunta tú mismo!

Preguntas:

1. ¿Cómo se determina el valor de bitcoin?

2. ¿Cuáles son las reglas de Bitcoin? ¿En qué se diferencían las transacciones de bitcoin de las transacciones bancarias?

3. ¿Cuánto has invertido en bitcoin? ¿Cuánto debería invertir en bitcoin?

4. ¿Quién es el inventor de Bitcoin? ¿Importa?

5. ¿Los delincuentes no usarán bitcoin? ¿Se usará bitcoin para comprar drogas?

6. ¿Deberíamos recopilar la identidad de todos los que usan bitcoin?

7. ¿Qué tipos de investigaciones académicas están sucediendo en el campo?

8. ¿Las ofertas iniciales de monedas (ICOs) son un innovador disruptivo o una burbuja fomentada por codicia?

1. Determinando el Valor de Bitcoin

Singularity University's IPP Conference; Silicon Valley, California; Septiembre de 2016

Enlace de video: https://aantonop.io/determinandoelvalordebitcoin

P: ¿Qué determina el valor de bitcoin? ¿Cómo se establece el poder adquisitivo?

El poder adquisitivo de bitcoin se determina exactamente de la misma manera que se determina el poder de compra del euro, la libra esterlina británica, el yen japonés o el dólar estadounidense: a través de las fuerzas del mercado de oferta y demanda en los mercados líquidos internacionales que operan durante todo el día. Una de las diferencias fundamentales es que el comercio de bitcoin nunca cesa; ha estado funcionando continuamente durante 7 años, la red nunca se detiene. Cada 10 minutos, el corazón de bitcoin late y las transacciones son procesadas. Los intercambiadores nunca cierran. No hay precio de cierre de bitcoin; Es un promedio móvil. Una capitalización de mercado de aproximadamente $12000 millones ahora se comercializa internacionalmente.

¿Qué son $12000 millones para una moneda global? Es un renacuajo, nadando en aguas infestadas de tiburones. Cada comerciante, cada ballena entra allí y patea el precio de un lado para el otro. En este momento, la experiencia de vivir de bitcoin, lo cual he estado haciendo durante 3 años, es una montaña rusa. He visto variaciones de 20 o 30 por ciento en un día. Y, sin embargo, si observa la tendencia a largo plazo, el volumen aumenta, las transacciones aumentan y la volatilidad sigue disminuyendo. Esa es una tendencia importante. No es tan importante para los estadounidenses o británicos, pero es muy importante para un argentino, brasileño o venezolano. No necesitas decirles por qué la separación de estado y dinero es una buena idea. Ellos ya lo saben. La volatilidad es relativa.

Nota del editor: para obtener una explicación más detallada de cómo se determina el valor de bitcoin, vea el capítulo titulado "Noticias falsas, Dinero falso".

2. Las Reglas de Bitcoin

Bloktek Event at Technology Park; Kuala Lumpur, Malasia; Febrero 2017

Enlace de video: https://aantonop.io/reglasdebitcoinparte1 y https://aantonop.io/reglasdebitcoinparte2

P: ¿Cuáles son las reglas dentro de Bitcoin? ¿Qué distingue las reglas de transacciones en bitcoin de las reglas de transacciones realizadas a través de instituciones financieras tradicionales?

Hay un conjunto de reglas dentro del sistema, unas 30 o 40 reglas que el software analiza. Por ejemplo, si una transacción dice que mi dirección está pagando el monto *x* a su dirección, una transacción correcta o válida es aquella en la que

- mi dirección está formateada correctamente
- tú dirección está formateada correctamente
- la cantidad descrita está dentro de 0 a 21 millones de bitcoin (21 millones es el número total de bitcoin en total que se va a crear)
- No tengo el monto a pagar (si no lo tengo, no lo puedo pagar)
- mi firma en la transacción es válida
- la transacción tiene una comisión suficiente para pagar la red
- y así siguen

Existen muchas de estas pequeñas reglas, no solo de las transacciones, sino también para los bloques que las contienen, y estas reglas son acumulativas.

También hay reglas a nivel de programación. Cosas como, los primeros tres bits del número de versión de la transacción deben ser *y* a menos que se establezca el bloqueo de tiempo en la transacción, en cuyo caso los bits de versión deben ser *n*. Existen todas estas reglas arcanas que tienen que ver con analizar el formato de la transacción. Pero tu software hace todo eso por ti; no necesitas preocuparte de eso. Si tienes dinero, puedes enviar el dinero a través de un código QR, haga clic y haga clic —tu software producirá una transacción válida.

Lo importante para tener en cuenta es que el software no pregunta: ¿eres una buena persona? ¿Eres una mala persona? ¿Estás en una lista de buenas o malas personas? ¿Se te permite usar esta red? ¿Cuándo naciste? ¿Cuál es tu género? ¿Cuál es tu religión? Ninguno de esos está en las reglas, y esa es una distinción importante.

Bitcoin ejecuta un cierto conjunto de reglas y esas reglas no se pueden cambiar a menos que todos estén de acuerdo— y aquí «de acuerdo» significa que ejecuta el software que expresa las reglas que tú deseas. Pero si no haces nada diferente, Bitcoin no cambia. Las reglas de consenso siguen siendo las mismas.

La semana pasada, la Reserva Federal de los EE. UU. anunció que aumentarán las tasas de interés. Genial, así que sé cuál será la tasa de interés la próxima semana. Pero eso es lo único que sé. No sé cuál será la tasa de interés el próximo año, y no sé nada sobre la oferta monetaria. Sé cuál será la tasa de emisión de bitcoin en el año 2140, hasta ocho puntos decimales. ¿Cómo? Porque puedo leer el código: la emisión es una de las reglas de consenso, está ahí en el código. Y la emisión es una de las reglas que no va a cambiar porque, si lo hace, ya no es bitcoin. Puedo garantizar que nunca superaremos los 21 millones de bitcoin porque si intenta cambiar esa regla, diré que no, la mayoría de las otras personas en la red dirán que no, y si se bifurca puede llamar a tu cosa «trasero-coin» o lo que quieras; nosotros conservaremos el nombre de Bitcoin y las reglas antiguas.

Eso es certeza. Tenemos un conjunto de reglas, basadas en las matemáticas, que nos permiten mirar hacia el futuro y saber exactamente cuándo la emisión de bitcoin se reducirá a la mitad en el año 2038. Hoy, puedo decirle en qué número de bloque, porque está basado en matemáticas. Eso es lo que nos da certeza. No está basado en una decisión arbitraria de personas; se basa en las matemáticas.

A algunas personas no les gusta eso. Algunas personas quieren la capacidad de tomar decisiones políticas, para elegir personas que tomen decisiones por ellos, y que las personas cambien de opinión y tomen otras decisiones. Para ellos, bitcoin no es bueno porque bitcoin es inflexible. Si quieres 24 millones de monedas, lo siento, pero no vamos a hacer eso.

Si desea certeza, predictibilidad, reglas matemáticas concretas, Bitcoin podría ser una opción interesante para ti. Si no lo haces, puedes elegir otra moneda digital u otro sistema de organización.

Nota del editor: para obtener una explicación detallada de los ataques del 51-por-ciento, cómo los gobiernos podrían detener o hacerse cargo de Bitcoin, y temas relacionados, consulta el capítulo titulado «Inmutabilidad y Prueba de Trabajo».

3. Cuánto Invertir en Bitcoin

Coinscrum Minicon at Imperial College; Londres, Inglaterra; Diciembre 2016

Enlace de video: https://aantonop.io/cuantoinvertirenbitcoin

P: ¿Qué porcentaje de tu patrimonio tener en bitcoin? ¿Qué porcentaje de nuestro patrimonio deberíamos invertir en bitcoin? Las respuestas a esas dos preguntas son muy diferentes. ¿Qué porcentaje de tu riqueza debe invertirse en bitcoin? Un porcentaje de tu riqueza que equivale a tu comprensión de cómo funciona la tecnología y tu capacidad para absorber el riesgo que implica. Lo que para la mayoría de las personas es un porcentaje muy pequeño, si lo hay.

A tu primera pregunta, ¿qué porcentaje de mi riqueza está en bitcoin? Creo que usar la palabra «riqueza» es un poco exagerado. Hice este trabajo gratis durante 2 años, y todavía estoy cavando el agujero de la deuda que creó, pero los pequeños ahorros que tengo están invertidos al 100 por ciento en bitcoin y otras criptomonedas. Pero me gustaría enfatizar nuevamente, que no es una recomendación para invertir. Porque no he invertido mi dinero en bitcoin; He invertido mi carrera, mi capacidad intelectual, mi energía creativa, mi pasión, mi trabajo en bitcoin —el dinero es la menor inversión que he hecho en bitcoin. Podría perder todo el dinero y todavía tengo mi trabajo.

Debería invertir tan poco como estés dispuesto a perder en un mercado muy volátil. Eso puede significar algo así como 5 libras por semana. Algunas personas sugieren, y creo que es una buena idea, que inviertas tomando un vicio y convirtiéndolo en una inversión. Por ejemplo, tomé dos cafés Starbucks menos o reduzca el consumo de tabaco en un paquete a la semana y usa ese dinero para comprar bitcoin. Luego, una vez que tengas algo de bitcoin, juega con él, haz algunas transacciones, usa algunas billeteras. Mira si te gusta.

Por supuesto, tu porcentaje de inversión depende del país en el que se encuentre. Estoy hablando principalmente para esta audiencia del Reino Unido. Si estás en Argentina, cualquier porcentaje de riqueza que pusiste en bitcoin fue mucho mejor que la moneda argentina cada año durante los últimos 7 años. Incluso en los peores años de bitcoin, de alguna manera la economía argentina lo hizo peor. Eso se aplica a Zimbabue, Venezuela y algunos otros países. Si experimentas una inflación del 45 por ciento con tu moneda nacional, entonces la volatilidad de bitcoin parece una inversión sólida como una roca.

4. El Inventor Anónimo de Bitcoin

Blockchain Meetup Berlin; Berlín, Alemania; Marzo 2016

Enlace de video: https://aantonop.io/elinventoranonimodebitcoin

P: ¿Cuál es su opinión por qué el Sr. Nakamoto no ha explicado exactamente para qué es Bitcoin y por qué cree que decidió no revelar su identidad?

En la mitología griega, está la historia de Prometeo, quien tuvo la audacia de robar el fuego de los dioses y dárselo al hombre. Como castigo por eso, fue atado a una roca, donde un águila comería su hígado todos los días, y luego durante la noche el hígado volvería a crecer para poder ser torturado nuevamente.

Satoshi Nakamoto robó el dinero del estado —no robando el dinero en sí, sino robando la tecnología del dinero y dándosela directamente al hombre. Si alguna vez descubrimos quién es Satoshi Nakamoto, el resultado más probable será que alguien metafóricamente o literalmente lo atara a una roca para que un águila se coma su hígado (el hígado de ella, sus hígados). El día después de que se encuentre a Nakamoto, «descubriremos» en los medios que esta persona es un criminal, un terrorista, un musulmán, una lesbiana, una vegana, un anarquista, un punk rockero y biológicamente relacionado con Justin Bieber. Acabo de enumerar ocho de las cosas más horribles que se me ocurren…porque eso es lo que van a hacer los medios, ¿verdad? Probablemente a peticiones de los gobiernos.

Tenemos que darnos cuenta de que Satoshi Nakamoto desapareció justo a tiempo. Creo que es muy sabio reconocer que Satoshi Nakamoto no es una deidad o un profeta; a pesar de que él / ella / ellos crearon una visión de lo que *podría* ser Bitcoin, Bitcoin no es suyo, y su idea de lo que Bitcoin podría ser o es, no es la verdad divina. *Nosotros* somos Bitcoin. Bitcoin siempre será «nosotros», no una sola persona. De eso se trata.

Por lo tanto, ya no importa lo que Satoshi Nakamoto pensó que es Bitcoin. De hecho, Satoshi Nakamoto no estaba seguro si esto realmente funcionaría.

El hecho fundamental es que Satoshi Nakamoto no puede decirnos qué es Bitcoin, porque ni él / ella / ellos ni nosotros sabemos qué será Bitcoin. Estamos haciendo historia. Nosotros tenemos que asumir la responsabilidad del hecho de que somos parte de hacer historia; parte de hacer historia significa que no tienes idea de lo que viene después, porque nunca ha llegado antes. Debes tomar tus decisiones con cuidado y con una visión amplia del futuro. La administración de Bitcoin ha pasado a todos nosotros.

¿Qué crees que es Bitcoin?

Aquí está la otra cosa que es realmente importante de entender: Bitcoin no tiene que ser solo una cosa. Ese es en sí el objetivo de una plataforma. Puede ser eso para ti, puede ser algo completamente diferente para mí, podría ser algo diferente para cada uno de ustedes.

En un sistema en el que no necesitas permiso para ser innovador, ser creativo, para iniciar una aplicación en la red, todo lo que necesitas hacer es crear esa nueva aplicación y encontrar a otra persona que quiera interactuar contigo usando esa aplicación. La base de usuarios de una aplicación legítima es dos. Para algunas aplicaciones, una. No necesita un grupo focal o probarlo. Escribe una definición de protocolo, ejecútese en la red. ¿Cuántas personas necesitas para ejecutar una aplicación en la red? Dos como máximo, y eso es suficiente para que esa aplicación sea significativa de uso.

Bitcoin es lo que quieras que sea. Te permite expresar la aplicación de solo dos personas, y esa es una de sus capacidades mágicas. Si deseas crear una aplicación financiera en un sistema financiero moderno, tienes que ser algo que miles de millones de personas utilizarán de manera rentable para los bancos, lo que realmente significa que puedes tener muy pocas aplicaciones. Es importante pensar en Bitcoin como algo que tú posees, y que yo poseo, y que *todos* poseemos.

5. Crimen y Bitcoin

The Blockchain. NZ Conference; Auckland, Nueva Zelanda; Mayo 2017

Enlace de video: https://aantonop.io/crimenybitcoin

P: Es justo decir que el crimen sigue al dinero, aprovecha el dinero. ¿Alguna idea sobre cómo podría percibir que el elemento criminal comenzará a aprovechar esto?

Una cosa que es interesante sobre las organizaciones criminales es que a menudo son las primeras en adoptar la tecnología. Lo son, porque operan en el nexo de mayor riesgo y mayor recompensa, lo que les hace buscar una ventaja competitiva a una tasa mucho más alta que cualquier otra organización. Teléfonos, automóviles, zapatos. Estoy seguro de que todos fueron explotados primero por delincuentes. Si la policía no tiene zapatos, y tú sí, ¡puedes huir!. Los automóviles son solo el siguiente paso en ese glorioso plan.

Bitcoin es dinero. Por definición, el dinero es algo que puedes usar para comprar cualquier cosa. Si no puedes usarlo para comprar cualquier cosa, no es dinero; es un cupón, una tarjeta de lealtad, una tarjeta de regalo, pero en realidad no es dinero. Si viene con restricciones sobre cómo puedes usarlo, no es dinero; ha perdido el principio fundamental de ser medio de intercambio. Entonces, ¿puedes comprar drogas con bitcoin? Por supuesto que puedes. De lo contrario, no sería dinero. Sin embargo, apuesto a que sería mucho *más* fácil comprar drogas con dólares de Nueva Zelanda que con bitcoin…

Sí, los delincuentes *usarán* dinero. Lo que debemos entender es que la herramienta no es el delito. La herramienta nunca ha sido el crimen. Las sociedades que intentan desterrar el uso de martillos porque los martillos pueden usarse para golpear a alguien en la cabeza o para construir un Hábitat para el hogar de la Humanidad, están yendo por el camino equivocado. La verdad es que, como seres humanos, el 99,9 por ciento de nosotros vamos a usar dinero para alimentar a nuestros hijos, para brindarles atención médica, saneamiento, educación, para darles un futuro mejor. Eso es lo que los seres humanos hacen con el dinero. Así como lo que hacemos con Internet es almacenar el repositorio de videos de gatos más grande del mundo. Sí, claro, hay algo de porno allí. Pero al final, los beneficios de la tecnología superan con creces los riesgos.

No me preocupa resolver crímenes mediante el control del dinero. Cuando intentas resolver el crimen a través del control del dinero, la organización a la que le das el control del dinero se *convierte* en el criminal, luego se convierten en los criminales más grandes y luego usan ese dinero para cometer genocidio— siempre en la historia. El poder del dinero es absoluto; el poder absoluto corrompe completamente.

Necesitamos comenzar a pensar en la separación del dinero y el estado, y entender que es tan importante como la separación de la iglesia y el estado. Dinero bajo el control de gobiernos individuales… tal vez aquí en Nueva Zelanda funciona bien. Genial, tienes uno de los pocos gobiernos benevolentes del mundo. El resto no es así; el resto abusa del poder del dinero para castigar a sus oponentes políticos. Utilizan los controles bancarios no para detener a los delincuentes, sino para detener su oposición política y competencia.

6. Recolección de Datos y Privacidad

Barcelona Bitcoin Meetup at Fablab; Barcelona,España; Marzo 2016

Enlace de video: https://aantonop.io/recolecciondedatosyprivacidad

P: ¿Qué piensa sobre los servicios centralizados en bitcoin que requieren de los datos personales para su uso?

Creo que la mayor parte de mi charla fue sobre esto, pero me centraré solo en la parte de «revelar datos personales». Revelar datos personales no es simplemente una cuestión de un sistema de vigilancia financiera totalitario; también es una economía de mercado.

Ya tenemos un sistema de micropagos en Internet: si deseas comprar cualquier contenido que tenga un precio efectivo de menos de 5 dólares, el precio que pagas es una microviolación de tu privacidad. Ese es el sistema de micropagos que tenemos en Internet. Usted da sus datos para que sean consumidos, analizados, correlacionados estadísticamente, de modo que el mensaje que recibes sea cada vez más estrecho, cada vez más conforme a la imagen de lo que Facebook *cree* que quieres escuchar, a lo que Amazon *cree* que quieres comprar, etc. Pagamos micropagos a través de micro-violaciones de privacidad. Nuestros datos privados son el precio de entrada a la microeconomía.

Podemos hacerlo mucho mejor que eso, ya que a medida que desarrollamos micropagos sobre las monedas centradas-en-la-red, en su lugar, podemos pagar con moneda mientras conservamos toda nuestra privacidad. Bitcoin no requiere que te identifiques así mismo; eso no es un error, es una propiedad. De hecho, Bitcoin hace que sea muy difícil superponer identidad encima de él de la manera que lo hacen las blockchains que los bancos quieren construir, porque eso no es seguro.

Cuando concentras información de identificación personal, te piratean. Todavía no hemos encontrado una manera de proteger los datos; Nadie puede asegurar los datos. Citibank no puede proteger los datos, los grandes minoristas de Internet no pueden proteger los datos, la NSA no puede mantener sus datos internamente. La idea de que algunos startups de bitcoin de ir y comenzar a hacer la identificación de Conozca al cliente (KYC, por sus siglas en inglés) y Antilavado de dinero (AML, por sus siglas en inglés), recopilando toda la información de identificación privada, es ridícula y desastrosa. Lo que sucederá es que la información se filtrará y perderás tu privacidad una vez más.

Bitcoin no hace identidad, porque eso es parte del diseño, y en realidad es una parte muy poderosa del diseño porque es la base de nuestra privacidad. El anonimato es solo otro derecho humano.

7. El Papel de la Investigación Académica.

O'Reilly Radar Summit "Bitcoin and the Blockchain"; San Francisco, California; Enero 2015

Enlace de video: https://aantonop.io/elpapeldelainvestigacionacademica

P: ¿Ves un papel para la investigación académica?

Sí, definitivamente, veo un papel para la investigación académica. De hecho, hay un repositorio en línea de artículos académicos escritos para Bitcoin. En 2013, creo que solo había cuatro o cinco, y en 2014 había alrededor de 150 artículos. Sé de docenas de personas que están haciendo sus doctorados (PhDs) en Bitcoin. En lo que a mí respecta, alrededor de Bitcoin no solo veremos investigación académica en algoritmos de consenso y computación distribuida; veo disciplinas científicas completamente nuevas que surgen de Bitcoin.

Piensa esto: hoy, si deseas hacer macroeconomía, si deseas estudiar las actividades de una economía, las actividades de un sector industrial o una empresa específica, puedes estudiar esas economías en un período de 6 meses, con retroactividad (ex post facto), aproximación estadística. Con una blockchain, puede hacer macroeconomía computacional en tiempo real, con datos reales. El análisis de macrodatos (Big-data) en blockchain es un área enorme de estudio. Por primera vez, podemos hacer cosas como humanos donde podemos observar la actividad económica de poblaciones muy grandes, en conjunto y en su mayoría anónima, lo que en realidad es una buena protección porque no puedes remover el anonimato (de-anonymize) fácilmente de estos datos. Al mismo tiempo, puedes ganar un enorme valor.

Entonces, sí, la investigación académica en Bitcoin es excelente. Lo más importante, no solo está sucediendo, sino que espero que surjan nuevas disciplinas científicas de esta increíble invención.

8. ICOs: lo Bueno y lo Malo

Blockchain Professionals, BitcoinSYD y SYDEthereum Joint Meetup Event en Optiver Asia Pacific; Sydney, Australia; Junio 2017

Enlace de video: https://aantonop.io/icoslobuenoylomalo

P: ¿Son disruptivas las ICOs, capital de riesgo democrático o burbujas fomentadas por la codicia?

¿Tengo que elegir? Obviamente, ambos. Hay un cierto contingente que analiza las ICOs y revela sus ideas muy estatistas y tradicionales. La SEC, la ley de valores y las restricciones a las ofertas públicas iniciales surgieron de un entorno inicial que era una burbuja loca. El eslogan en ese momento era «proteger a las viudas y los huérfanos», no es broma. Pero las regulaciones son la vieja forma de lidiar con las cosas. Esta burbuja de ICO tendrá consecuencias negativas y la gente invertirá mal, la gente perderá dinero, otros huirán con el dinero invertido. Es un poco salvaje.

Todavía ha creado una oportunidad para hacer algo que nunca antes se había hecho: cerrar la gran brecha entre la etapa-inicial, financiamiento orgánico y las ofertas públicas del mercado de valores, que es una brecha bastante grande. En esa brecha, las empresas ahora pueden recaudar fondos de una audiencia completamente globalizada con una velocidad enorme. Eso crea un ambiente muy nuevo para la recaudación de fondos, con éxitos y fracasos espectaculares.

¿Qué podemos hacer con el dinero programable que es diferente, nuevo, descentralizado, reinventa las estructuras de financiación y custodia, con protecciones impulsadas por colaboración abierta distribuida? Si la multitud está financiando, la multitud debería estar investigando. Podemos crear estructuras de custodia dentro de la estructura de dinero programable.

La banca no es el titular principal que sufre disrupción; son los reguladores y el entorno regulatorio institucional centralizado. Esto no es solo decir que ya no necesitamos banca; está diciendo que no necesitamos supervisión institucional o banca central. A mucha gente no le gusta esa idea. Suena salvaje. Sí, lo es si no inventas nuevas formas de hacer las cosas mejor. Y creo que podemos.

Ahora, estamos viendo un montón de financiación. Parte de ella creará burbujas que explotarán y se volverán a inflar, revientan y se volverán a inflar, y cada vez la burbuja se hará más grande. En eso, la gente se quemará, se aprenderán lecciones y la gente va a construir soluciones porque será rentable construir buenas soluciones descentralizadas que nos brinden protección al consumidor. ¡No puedo esperar para verlas!

Mientras tanto, no invertiré en el 99,999 por ciento de estas ICO porque no invierto en un libro blanco mínimamente viable. Actualmente, ese es el nuevo estándar para los startups. Peter Todd, un desarrollador principal de Bitcoin, fue un paso más allá. Él dijo: «Ni siquiera necesitamos un papel. Aquí hay un tweet mínimamente viable para una ICO: "Esta es mi dirección de BTC, fináncìame, no obtienes nada a cambio"». ¡La gente le envió dinero!

Estamos redefiniendo el capitalismo empresarial, las corporaciones, los valores, la recaudación de fondos, los mercados de valores. Estamos redefiniendo todo lo financiero y el sistema regulatorio que lo rodea. Quédense, va a ser interesante.

Apéndice A. Apéndice A: Un mensaje de Andreas

Solicitud de revisiones

Gracias de nuevo por leer este libro. Espero que hayas disfrutado leerlo tanto como disfruté crearlo. Si lo disfrutaste, toma un minuto para visitar la página del libro en Amazon {book link} o donde lo hayas comprado y deja una recomendación. Esto le ayudará a tener una mayor visibilidad en las clasificaciones de búsqueda y llegar a más personas que estén aprendiendo acerca Bitcoin por primera vez. Sus comentarios sinceros también me ayudan a mejorar aún más el próximo libro.

Agradecimiento

Quiero aprovechar esta oportunidad para agradecer formalmente a la comunidad por apoyar mi trabajo. Muchos de ustedes comparten este trabajo con amigos, familiares y colegas; ustedes asisten a eventos en vivo, a veces viajan largas distancias; y aquellos que pueden incluso apoyarme en la plataforma Patreon. **Sin todos ustedes no podría hacer este importante trabajo, el trabajo que amo, y estoy eternamente agradecido.**

Gracias.

Apéndice B. Apéndice B: ¿Le gustaría más?

Volumen Uno Impreso, Ebook y Audiobook

Este libro es el segundo de una serie llamada *El Internet del Dinero*. Si te gustó este libro, también puedes disfrutar del Volumen Uno, que está disponible en formato impreso, ebook y audiolibro en los EE. UU., Reino Unido, Europa, Australia y otros lugares del mundo. El volumen uno actualmente está siendo traducido al español, coreano, ruso, vietnamita y portugués, y con más traducciones por venir.

El volumen uno contiene algunas de las charlas más populares de Andreas, que incluyen:

Privacy, Identity, Surveillance and Money

Barcelona Bitcoin Meetup at FabLab; Barcelona, España; Marzo 2016.

Dumb Networks, Innovation, and the Festival of the Commons

O'Reilly Radar Summit at Navy Pier; San Francisco, California; Enero 2015.

Infrastructure Inversion

Zurich Bitcoin Meetup; Zúrich, Suiza; Marzo 2016.

Currency as a Language

Keynote at the Bitcoin Expo 2014; Toronto, Ontario, Canada; Abril 2014.

Money as a Content Type

Bitcoin South Conference; Queenstown, Nueva Zelanda; Noviembre 2014.

Elements of Trust: Unleashing Creativity

Blockchain Meetup; Berlín, Alemania; Marzo 2016.

Scaling Bitcoin

Bitcoin Meetup at Paralelni Polis; Praga, República Checa: Mazo 2016.

¡Y Muchas Más!

Mantenerse al día con Andreas

Obtén más información sobre Andreas, incluso cuándo planea visitar tu ciudad, en su sitio web en https://aantonop.com/

También puedes seguirlo en Twitter @aantonop o suscribirte a su canal de YouTube en https://www.youtube.com/aantonop

Y, por supuesto, Andreas no podría hacer este trabajo sin el apoyo financiero de la comunidad a través de Patreon. Obtén más información sobre su trabajo y obtén previo acceso a videos, participa en una sesión mensual de preguntas y respuestas exclusivas para patreons y obtén más contenido exclusivo al hacerte un patreon en https://www.patreon.com/aantonop/overview

Apéndice C. Apéndice C: Enlace de Videos

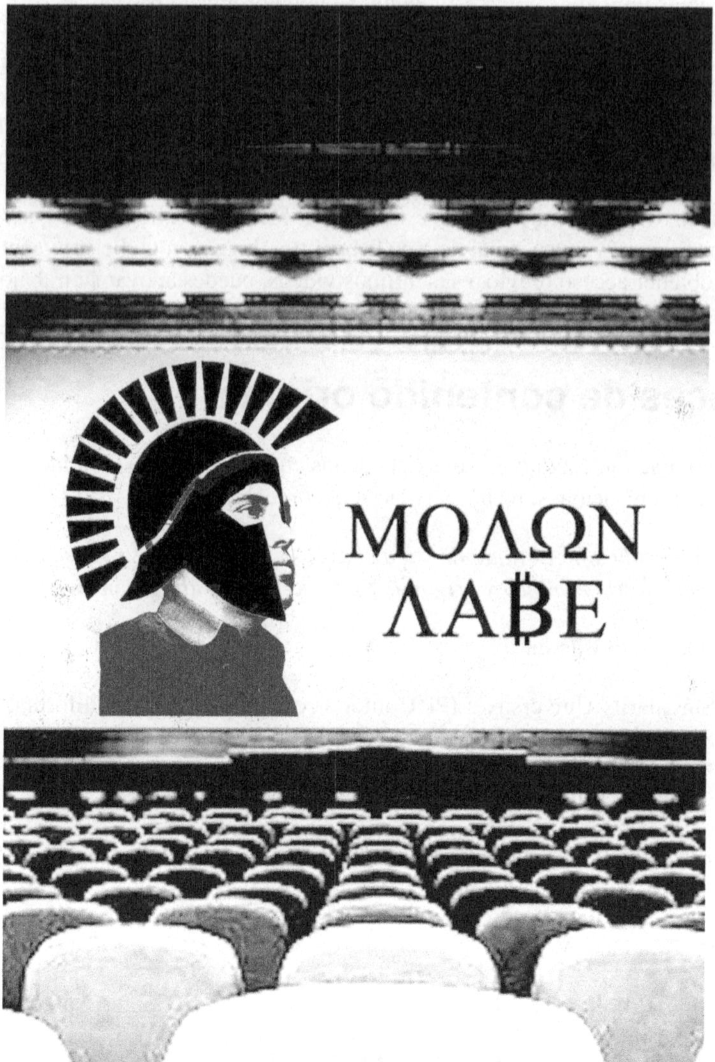

Charlas Editadas

Los capítulos incluidos en este libro son charlas impartidas por Andreas M. Antonopoulos en conferencias y reuniones en todo el mundo. La mayoría de las charlas fueron dadas a audiencias generales, pero algunas fueron entregadas a audiencias limitadas (como estudiantes) con un propósito particular.

Andreas es conocido por convivir con el público durante sus presentaciones, gran parte de la interacción del público se ha eliminado del texto porque mucho de esto no es verbal y no se traduce bien en texto. Recomendamos ver el contenido original, aunque solo sea para tener una idea de cómo es asistir a uno de estos eventos.

Todos los videos y muchos más están disponibles en su sitio web: https://aantonop.com/ y en su canal de YouTube: https://www.youtube.com/aantonop. Para obtener acceso previo a sus últimos videos, puedes apoyar su trabajo al hacerte patreon en https://www.patreon.com/aantonop.

Enlaces de contenido original

A continuación, encontrarás una lista de las charlas que se ha incluido en este texto, junto con ubicaciones, fechas y enlaces al contenido original.

Nota del traductor: El título de cada charla se mantiene en su idioma original, ya que cada charla es única y original. Y así facilitar su ubicación en Internet

Introduction to Bitcoin

> Singularity University's IPP Conference; Silicon Valley, California; Septiembre 2016; https://youtu.be/l1si5ZWLgy0

Blockchain vs Bullshit

> Blockchain Africa Conference at the Focus Rooms; Johannesburgo, Sudáfrica; Marzo 2017; https://youtu.be/SMEOKDVXlUo

Fake News, Fake Money

> Silicon Valley Bitcoin Meetup at Plug & Play Tech Center; Sunnyvale, California; Abril 2017; https://youtu.be/i_wOEL6dprg

Immutability and Proof-of-Work, The Planetary-scale Digital Monument

> Silicon Valley Bitcoin Meetup; Sunnyvale, California; Septiembre 2016 https://youtu.be/rsLrJp6cLf4

Hard and Soft Promises

San Francisco Bitcoin Meetup; San Francisco, California; Septiembre 2016; https://youtu.be/UJSdMFPjW8c

Currency Wars

Coinscrum Minicon at Imperial College; Londres, Inglaterra; Diciembre 2016; https://youtu.be/Bu5Mtvy97-4

Bubble Boy and the Sewer Rat

DevCore Workshop at Draper University; San Mateo, California; Octubre 2015; https://youtu.be/810aKcfM__Q

A New Species of Money, An Evolutionary Perspective on Currency

Bitcoin Milano Meetup; Milán, Italia; Mayo 2016; https://youtu.be/G-25w7Zh8zk

What is Streaming Money?

Bitcoin Wednesday Meetup at the Eye Film Museum; Amsterdam, Holanda; Octubre 2016; https://youtu.be/gF_ZQ_eijPs

The Lion and the Shark: Divergent Evolution in Cryptocurrency

Silicon Valley Ethereum Meetup at the Institute for the Future; Mountain View, California; Septiembre 2016; https://youtu.be/d0x6CtD8iq4

Rocket Science and Ethereum's Killer App

Cape Town Ethereum meetup at Deloitte Greenhouse; Cape Town, South Africa; Marzo 2017; https://youtu.be/OWI5-AVndgk

Preguntas Frecuentes:

1. How is bitcoin's value determined? https://youtu.be/DucvYCX1CVI

2. How are bitcoin transactions different from banking transactions? What are the rules of Bitcoin? https://youtu.be/VnQu4uylfOs and https://youtu.be/vtIp0GP4w1E

3. How much do you have invested in bitcoin? How much should I invest in bitcoin? https://youtu.be/DJtM9mR7cOU

4. Who is the inventor of Bitcoin? Why Satoshi's Identity Doesn't Matter. https://youtu.be/D2lZxl53TLY
5. Won't criminals use bitcoin? Will bitcoin be used to buy drugs? https://youtu.be/jGmtRA9S7_Y
6. Should we collect the identity of everyone who uses bitcoin? https://youtu.be/rwF7nMWUjBs
7. What is the role of academic research? https://youtu.be/aNPEdXQaMf8w
8. Are Initial Coin Offerings (ICOs) a disruptive innovator or a bubble fueling greed? https://youtu.be/Plu_WX3Gs8E

Apéndice D. Apéndice D: Ilustraciones de Satoshi Gallery

Satoshigallery

son of a bit since 2008

Valentina Picozzi es una artista italiana con sede en Londres. A principios de 2012 se enamoró de la ideología detrás de Bitcoin y en 2015 fundó Satoshi Gallery, un proyecto de arte en curso con el objetivo de despertar la curiosidad de las personas, fomentar un criterio amplio y ayudarles a acercarse a las criptomonedas de una manera fácil.

A través de pinturas, fotos, ilustraciones, instalaciones de neón y arte callejero, ella describe la historia, la filosofía y el sentido común trás la tecnología que va a cambiar el mundo.

Todas las ilustraciones de este libro han sido proporcionadas por Satoshi Gallery.

ART

T-SHIRTS

http://www.satoshigallery.com

twitter: @satoshigallery

instagram: satoshigallery

Index

Símbolos

A

B

E

F

G

H

I

J

K

L

M

N

O

P

Q

R

S

T

V

Made in the USA
Monee, IL
04 November 2026

67378100R00085